U0366595

编委会

主 编　徐美隆

参 编　（按姓氏拼音先后顺序）

刘玉娟　牛锐敏　乔改霞　秦彬彬　施　明

仝　倩　王　佳　王　丽　王　荣　谢　军

姚雪楠

葡萄种质资源引选及在宁夏的应用

徐美隆 ● 编著

PUTAO ZHONGZHI ZIYUAN YINXUAN

JI ZAI NINGXIA DE YINGYONG

黄河出版传媒集团

阳光出版社

图书在版编目（CIP）数据

　葡萄种质资源引选及在宁夏的应用 / 徐美隆编著
. -- 银川 : 阳光出版社, 2019.11
　ISBN 978-7-5525-5096-2

　Ⅰ. ①葡… Ⅱ. ①徐… Ⅲ. ①葡萄－种质资源－研究
Ⅳ. ①S663.102.4

　中国版本图书馆CIP数据核字(2019)第263940号

葡萄种质资源引选及在宁夏的应用　　　　　　　徐美隆　编著

责任编辑　马　晖
封面设计　赵　倩
责任印制　岳建宁

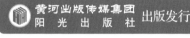 出版发行

出 版 人　薛文斌
地　　址　宁夏银川市北京东路139号出版大厦 （750001）
网　　址　http://www.ygchbs.com
网上书店　http://shop129132959.taobao.com
电子信箱　yangguangchubanshe@163.com
邮购电话　0951-5014139
经　　销　全国新华书店
印刷装订　宁夏银报智能印刷科技有限公司
印刷委托书号　（宁）0015622

开　　本　787mm×1092mm　1/16
印　　张　12.5
字　　数　200千字
版　　次　2019年11月第1版
印　　次　2019年11月第1次印刷
书　　号　ISBN 978-7-5525-5096-2
定　　价　68.00元

前　言

　　葡萄是世界上重要的落叶果树，在不同区域有广泛分布，据国际葡萄与葡萄酒组织（OIV）统计，2018年全球葡萄种植面积达到740万 hm²，全球葡萄总产量达到7780万吨，种植面积和产量位列所有水果的前列。葡萄也是中国的重要果树之一，在中国农业经济中占据重要的地位。葡萄优新品种选育是葡萄产业可持续发展的重要基础，而葡萄种质资源的收集保存则是葡萄优新品种选育的基础。

　　中国葡萄种质资源收集保存研究工作开展相对较晚，始于20世纪50年代的品种资源普查，20世纪80年代，中国启动建设了国家果树种质郑州葡萄圃、太谷葡萄圃和左家山葡萄圃，这些国家级葡萄资源圃的建立，极大地推动了中国葡萄种质资源引选研究的工作进展，为中国葡萄种质资源的收集保存、开发利用以及具有自主知识产权的优新品种培育做出了贡献。

　　宁夏贺兰山东麓是业界公认的适合种植酿酒葡萄的黄金地带之一，2002年被确定为国家地理标志产品保护区。截至2018年年底，宁夏酿酒葡萄种植面积达57万亩，占全国酿酒葡萄种植面积的1/4，是中国最大的酿酒葡萄集中连片产区。虽然该产区的葡萄产业发展迅猛，但在葡萄种质资源收集保存与评价等基础性研究方面还相对薄弱。近年来，在该产区内已有相关研究机构开始注重葡萄种质资源收集保存的研究工作，并

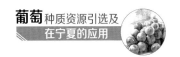

建立了葡萄种质资源圃，收集保存了300余份葡萄资源，随着这项工作的深入开展，必将为宁夏葡萄产业的可持续发展提供有益的支撑。

　　为了让更多的人了解宁夏在葡萄种质资源引选方面的工作，本书在结合国内外该领域研究进展的基础上，重点介绍了宁夏收集保存的葡萄品种资源以及部分引进品种在宁夏的生长表现。在本书的编写过程中，得到了李玉鼎、范培格、陈卫平、朱强、邱文平等老师的帮助和指导，不少同行也提出了很好的意见和建议，在此深表感谢。由于作者的学识水平有限，虽然我们竭尽全力，但书中不足和错误之处在所难免，恳请广大同仁和读者谅解并批评指正。

目录
CONTENTS

附　录

第一章
基础篇

一、葡萄起源

葡萄属于葡萄科（Vitaceae），葡萄属（Vitis），为落叶藤本植物，是世界最古老的植物之一。据考证，"葡萄"之称可能来源于波斯语budawa。在中国古籍《史记》中称为"蒲陶"，《汉书》中称为"蒲桃"，《后汉书》中称为"蒲萄"，后逐渐演变为至今仍通称的"葡萄"。葡萄是起源最古老的植物之一，据发现的化石推断，白垩纪（距今约6 700万年）时期，葡萄属植物就已经存在，至第三纪，葡萄属植物已经遍布北半球。中国古生物学家在山东省临朐县山旺村发掘的中新世中期出现的葡萄叶片化石证明，约4 000万年前在中国已经出现了葡萄属植物。

欧洲葡萄（*Vitis vinifera*）是世界上人工驯化栽培最早的果树种类之一。根据在里海和黑海之间的某些区域至今仍有这个种的野生类型这一事实，植物学家们认为这里是欧洲葡萄的发源地。据德·康多尔和瓦维洛夫的考察资料，南高加索与中亚细亚的南部，以及阿富汗、伊朗、小亚细亚邻近地区是栽培葡萄的原产地。在5 000~7 000年以前，葡萄广泛地栽培在高加索、中亚细亚、叙利亚、美索不达米亚和埃及。大约在3 000年以前，葡萄栽培在希腊已相当兴盛，以后沿地中海传播至欧洲各地。15世纪后陆续传入美洲、南非、澳大利亚和新西兰，向东则是沿古丝绸之路传至中国新疆，再传至中国其他地区及朝鲜、日本等东亚国家。至今，葡萄已是世

界上分布最广、栽培面积最大的果树作物。据国际葡萄与葡萄酒组织（OIV）2018年统计，全世界葡萄种植面积维持在740万 hm^{2}左右。

关于中国葡萄栽培的起始年代，历史学者依据古籍《史记·大宛列传》认为，起始于张骞出使西域之后。孔庆山在《中国葡萄志》中通过对考古物证和资料考证的分析归纳总结出：中国栽培欧亚种葡萄最早的地方在新疆塔里木盆地西、南缘区域，引进和栽培葡萄是在公元前4~3世纪，至今已有2 300~2 400年的历史；中国其他地区葡萄引种栽培起始时间应在张骞第二次出使西域返回时，即公元前119年。据国际葡萄与葡萄酒组织（OIV）2018年统计，截止2017年，中国葡萄种植面积达到87.5万 hm^2，居全球第二位，仅低于西班牙（96.9万 hm^2）。

葡萄栽培与酿酒技术在张骞出使西域之时引入中国，又通过河西走廊传至宁夏，但宁夏具体是从何时开始葡萄种植还无法考证，唐朝诗人贯休在《古塞上曲七首》中写下了"赤落葡萄叶，香微甘草花"的诗句，足以证明宁夏的葡萄种植可追溯到唐朝，甚至更远时候。

二、葡萄属植物分类

（一）按葡萄系统分类

葡萄属（Vitis）植物在数百万年前已遍布北半球，由于大陆分离和冰河时期的影响，发展成了多个种。葡萄属是由瑞典著名植物学家林奈于1753年定名的。葡萄属植物按照系统分类学可分为真葡萄亚属（Subgen. *Euvitis* Planch）和圆叶葡萄亚属（Subgen. *Muscadinia* Planch）。其中，圆叶葡萄亚属有3个种：圆叶葡萄（*V. rotundifolia*）、鸟葡萄（*V. munsoniana*）和墨西哥葡萄（*V. popenoei* Fennel.）。真葡萄亚属一般认为有63个种，但也有学者对葡萄属植物的分类持有不同的观点。全世界约有14 000个葡萄品种，在资源圃收集保存或在栽培上应用的品种有7 000~8 000个。

（二）按葡萄地理分布分类

现代葡萄属植物集中分布在3个中心，即东亚分布中心、北美分布中心和欧洲－西亚分布中心。按照地理分布和生态特征，葡萄属植物又分为欧亚、北美和东亚3大种群。

欧亚种群目前仅存1个种，即欧亚种（*V. vinifera*），包括2个亚种：栽培亚种（*V. vinifera* ssp. *sativa* 或 ssp. *vinifera*）和野生亚种（*V. vinifera* ssp. *sylvestris*），起源于欧洲及西亚。该种群中栽培亚种的特点是雌雄同株，具有完全花或雌能花，果实具有良好的鲜食特性或加工特性，抗逆性较差，对真菌病害抵抗力较弱，不抗根瘤蚜，适宜在气候较温暖、阳光充足和相对干燥的地区栽培。

北美种群有约31个种，该种群大部分分布在北美洲，具有较强的耐寒性，较抗真菌病害，适应性强，果实具有浓厚的麝香味。常见的种有：美洲葡萄（*V. labrusca*）、河岸葡萄（*V. riparia*）、沙地葡萄（*V. rupestris*）、冬葡萄（*V. berlandier*）、甜冬葡萄（*V. cinerea*）、夏葡萄（*V. aeslivalis*）、钱平氏葡萄（*V. champinii*）、夏特洛氏葡萄（*V. shuttleworthii*）、加勒比葡萄（*V. caribaea*）、辛普森氏葡萄（*V. simpasini*）、红绒毛葡萄（*V. rufotomentosa*）、松林葡萄（*V. lincecumii*）、白亮葡萄（*V. candicans*）、心叶葡萄（*V. cordifolia*）、掌叶葡萄（*V. palmate*）、加州葡萄（*V. californica*）、贝氏葡萄（*V. baileyana*）、紫葛葡萄（*V. coignetiae*）、甜山葡萄（*V. monticola*）、醋栗葡萄（*V. simpsonii*）等。

东方种群约有40个种，绝大多数种在我国均有分布。据《中国葡萄志》记载，37个种生长分布于中国不同地方，它们分别是：山葡萄（*V. amurensis*）、毛葡萄（*V. quinquangularis*）、刺葡萄（*V. davidii*）、秋葡萄（*V. romaneti*）、陕西葡萄（*V. chenxiensis*）、小果葡萄（*V. balanseana*）、云南葡萄（*V. yunnanensis*）、东南葡萄（*V. chunganensis*）、罗城葡萄（*V.*

luochengensis）、闽赣葡萄（*V. chungii*）、桦叶葡萄（*V. betulifolia*）、复叶葡萄（*V. piasezkii*）、毛脉葡萄（*V. piloso-nerva*）、网脉葡萄（*V. wilsonae*）、华东葡萄（*V. pseudoreticulata*）、浙江蘡薁（*V. zhejiang-adstricta*）、湖北葡萄（*V. silvestrii*）、武汉葡萄（*V. wuhanensis*）、温州葡萄（*V. wenchouensis*）、井冈葡萄（*V. jinggangensis*）、红叶葡萄（*V. erythrophylla*）、乳源葡萄（*V. ruyuanensis*）、蒙自葡萄（*V. mengziensis*）、凤庆葡萄（*V. fengqinensis*）、河口葡萄（*V. hekouensis*）、菱叶葡萄（*V. hancockii*）、狭叶葡萄（*V. tsoii*）、葛藟葡萄（*V. flexuosa*）、腺枝葡萄（*V. adenoclada*）、绵毛葡萄（*V. retordii*）、勐海葡萄（*V. menghaiensis*）、龙泉葡萄（*V. longquanensis*）、美丽葡萄（*V. bellula*）、麦黄葡萄（*V. bashanica*）、庐山葡萄（*V. hui*）、小叶葡萄（*V. sinocinerea*）、蘡薁葡萄（*V. bryoniaefolia*）和鸡足葡萄（*V. lanceolatifoliosa*）。另外，刺葡萄包含有3个变种，即瘤枝葡萄、锈毛葡萄、顺昌葡萄；秋葡萄包含有1个变种，即绒毛秋葡萄；小果葡萄包含有2个变种，即绒毛小果葡萄、龙州葡萄；罗城葡萄包含1个变种，即连山葡萄；变叶葡萄包含1个变种，即少毛变叶葡萄；武汉葡萄包含1个变种，即毛叶武汉葡萄；山葡萄包含2个变种，即深裂山葡萄、伏牛山葡萄；毛葡萄包含1个亚种，即桑叶葡萄；美丽葡萄包含1个亚种，即华南美丽葡萄；蘡薁葡萄包含1个变种，即三出蘡薁。

（三）其他分类

葡萄在长期的自然选择和人工选择的基础上，现已形成了极其丰富的品种类型，为了进一步细分葡萄品种，人们根据葡萄的用途、颜色、染色体倍性等对葡萄进行了分类。按照葡萄用途不同，可以分为鲜食品种、加工品种（酿酒、制汁、制干、制罐）和砧木品种等。按照果实成熟时期不同，可分为极早熟品种、早熟品种、中熟品种、晚熟品种和极晚熟品种等。按照果实颜色不同，可分为红色品种、黑色品种和白色品种等；按照亲缘关系，可分为纯种性品种和杂种性品种；按照染色体倍性不同，可分为二倍体品种和多倍体（三倍体、四倍体、八倍体）品种等。

三、葡萄属植物的应用

随着葡萄产业的发展，人们对葡萄属植物的开发利用越来越重视。欧亚种葡萄虽然只有1个种，但它却是应用最为广泛的种。欧亚种的品种多达5000多个，包括了世界上栽培的大多数品种，其产量占世界葡萄产量的90%以上。欧亚种的应用方式主要以直接栽培利用或作为育种材料加以利用。北美种群中，也有个别种可以直接栽培利用，如美洲葡萄已在北美部分地区直接栽培应用。北美种群中的部分种具有天然抗根瘤蚜的特性，因此，这些种被用作葡萄砧木或砧木育种材料，如沙地葡萄、河岸葡萄、夏葡萄和冬葡萄等。东方种群中的山葡萄、毛葡萄、刺葡萄等种不仅是优良的育种材料，也可以直接栽培利用，在中国东北地区，山葡萄有大面积的种植；刺葡萄在中国湖南、江西等地有栽培利用；毛葡萄在中国广西等地直接栽培利用。圆叶葡萄被直接栽培利用的较少，仅在美国部分地区有少量的商业化栽培，但由于具有优良的抗病性，现在也逐渐被用于育种材料加以利用。

相对于葡萄属植物利用，葡萄属种间杂种由于综合了不同种的特性，其利用也越来越受到重视。欧美杂种的葡萄品种通常具有良好的抗病性和较强的生长势，比如卡托吧（Catawba）、威代尔、夏黑等；欧山杂种的葡萄品种则一般具有良好的抗寒性和耐抽干的特性，部分杂种可在中国葡萄埋土防寒区实现露地越冬，比如北红、北玫、北玺等。

为了深入了解不同葡萄种的抗性，以便于进一步利用，我们对部分葡萄属植物的抗性进行了归纳总结，具体见表1-1。

表1-1　部分葡萄资源的特性（部分数据引自牛立新，1994）

抗性类型	种类
抗寒性	山葡萄、蘡薁葡萄、河岸葡萄
抗旱性	沙地葡萄、钱平氏葡萄
抗缺绿病	冬葡萄
抗盐性	冬葡萄、夏特洛氏葡萄
热带适应性（休眠）	加勒比葡萄、夏特洛氏葡萄、辛普森氏葡萄、红绒毛葡萄
抗根瘤蚜	河岸葡萄、沙地葡萄、冬葡萄、甜冬葡萄、钱平氏葡萄
抗根结线虫	钱平氏葡萄
抗比首线虫	红绒毛葡萄
抗根癌病	美洲葡萄
抗皮尔斯病	辛普森氏葡萄、夏特洛氏葡萄
抗灰霉病	河岸葡萄、沙地葡萄
抗黑痘病	美洲葡萄、夏特洛氏葡萄、钱平氏葡萄、蘡薁葡萄
抗葡萄黑腐病	松林葡萄、河岸葡萄、白亮葡萄、甜冬葡萄
抗锈病	夏特洛氏葡萄、辛普森氏葡萄
抗炭疽病	桑叶葡萄、浙江蘡薁
抗霜霉病	华东葡萄、秋葡萄、复叶葡萄、燕山葡萄、河岸葡萄、沙地葡萄、松林葡萄、美洲葡萄
抗白粉病	夏葡萄、甜冬葡萄、河岸葡萄、冬葡萄

四、葡萄种质资源的收集与保存

植物资源的收集保存方式主要包括原生境（原生地）保存和非原生境保存，原生境保存主要指建立生态保护区，非原生境保存主要是建立种质资源圃或离体保存库等方式，葡萄种质资源收集保存的主要方式是建立种质资源圃。

葡萄种质资源研究工作是一项关乎葡萄产业可持续发展的基础性工作，在葡萄产业发达国家，该项工作受到高度重视。全球已登记的葡萄种质资源有16 000个以上，主要收集保存在38个国家的126个研究机构，几乎所有种植葡萄的国家都建有长期保存的葡萄种质资源圃。法国、美国、西班牙、意大利等葡萄产业发达国家葡萄种质资源收集保存研究工作开展的较早，葡萄种质资源的收集保存数量较多。

表1-2　部分国家 / 单位葡萄种质资源收集保存情况
（部分数据引自刘崇怀，2007）

收集国家 / 单位	种质资源收集份数 / 份	收集国家 / 单位	种质资源收集份数 / 份
美国康奈尔大学	1 300	美国加州大学戴维斯分校	3 000
乌克兰 Magarach	3 259	西班牙	2 573
新西兰	650	意大利	5 307
巴西 CNPUV/EMBRAPA	1 356	南非	1 977
保加利亚	1 750	希腊	565
匈牙利	4 316	阿塞拜疆	621
格鲁吉亚农业科研中心	787		

中国的葡萄种质资源收集保存研究工作开展相对较晚，始于20世纪50年代的栽培品种资源普查。20世纪60年代，中国相关研究机构开始建设

葡萄种质资源圃，开展葡萄种质资源的收集保存研究工作，截至目前，中国已建有3个葡萄国家种质资源圃，分别是国家果树种质郑州葡萄圃、国家果树种质太谷葡萄圃和国家果树种质左家山葡萄圃，其中郑州葡萄种质资源圃和太谷葡萄种质资源圃均为综合型资源圃，左家山葡萄圃中保存了世界最多的山葡萄资源。

郑州葡萄种质资源圃始建于20世纪60年代，1980年被规划为国家级果树品种资源圃，1989年验收时保存的葡萄种质资源份数为960份，随着该资源圃的不断发展，截至2014年年底，该资源圃共收集保存了来自中国、苏联、法国、美国等33个国家的野生种、地方种、育成品种、育成材料、珍稀资源和近缘植物等种质资源1 400余份，为亚洲保存葡萄种质份数最多的资源圃。

表1-3　郑州葡萄种质资源圃保存的葡萄种质资源（任国慧，2012）

属	亚属	种群	种（变种）	种（变种）学名	品种（类型）/份
葡萄属	真葡萄亚属	欧亚种群	欧洲种	*V. vinifera*	721
		北美种群	美洲葡萄	*V. labrusca*	28
			河岸葡萄	*V.riparia Michaux*	12
			沙地葡萄	*V. rupestris Scheele*	3
			钱平氏葡萄	*V. champinii*	4
			甜冬葡萄	*V. cinerea*	1
		东亚种群	山葡萄	*V. amurensis*	10
			刺葡萄	*V.davidii*	3
			葛藟葡萄	*V. flexuosa*	4
			菱叶葡萄	*V. hancockii*	3
			毛葡萄	*V. quiguangularis*	2
			美丽葡萄	*V. bellule*	2
			变叶葡萄	*V. piasezkii*	2
			桑叶葡萄	*V. focifolia*	2
			多裂叶	*V. thunbergii* var.*adstricta*	1

属	亚属	种群	种（变种）	种（变种）学名	品种（类型）/份
葡萄属		杂交种群	欧美杂种	*V. vinifera*×*V. labrusca*	226
			山美杂种	*V. amurensis*×*V. labrusca*	4
			欧山杂种	*V. vinifera*×*V. amurensis*	8
	圆叶葡萄亚属		圆叶葡萄	*V. rotundifolia*	7
未定的属					48

　　国家果树种质太谷葡萄圃始建于1960年，是中国"六五"期间建立的第一批15个国家果树种质资源圃之一，葡萄圃保存有欧亚种、欧美杂种、美洲种、山葡萄、毛葡萄、刺葡萄、瘤枝葡萄、复叶葡萄等17个种（变种或杂交种）共计436份种质资源材料。

表1-4　太谷葡萄圃保存的葡萄种质资源（任国慧，2012）

属	亚属	种群	种（变种）	种（变种）学名	品种（类型）/份
葡萄属	真葡萄亚属	欧亚种群	欧洲种	*V. vinifera*	253
		北美种群	美洲葡萄	*V. labrusca*	2
		东亚种群	山葡萄	*V. amurensis*	6
			毛葡萄	*V. quiguangularis*	3
			欧美杂种	*V. vinifera*× *V. labrusca*	43
		杂交种群	东欧杂种	*V. vinifera*×*V. quiguangularis*	4
			欧山杂种	*V. vinifera*× *V. labrusca*	5
未定的属					2

左家山葡萄圃始建于1988年，2002年扩建成国家果树种质左家山葡萄资源圃，依托单位为中国农业科学院特产研究所。目前，该圃收集保存中国北方各省、区及俄罗斯远东地区山葡萄种质资源400余份，是当前世界上保存山葡萄种质资源份数最多的种质资源圃。

除了以上三个国家级葡萄种质资源圃外，国内其他综合性资源圃和地方资源圃也开展了葡萄种质资源的收集保存工作，如：西北农林科技大学建立了野生葡萄种质资源圃，收集中国野生葡萄18个种，中国科学院植物研究所、湖南农业大学、上海市农业科学院园艺研究所等科研机构也建立了专门的葡萄种质资源圃，开展了葡萄种质资源的收集保存与研究工作。在宁夏真正开始开展葡萄种质资源收集保存研究是起始于2010年左右，由宁夏林业研究院和宁夏农林科学院种质资源所等相关单位参与实施。

中国葡萄野生资源种类丰富，但栽培品种绝大多数都是引进品种，自有品种相对较少。随着中国葡萄产业的快速发展，培育和推广具有自主知识产权的葡萄品种显得尤为重要，而培育葡萄新品种的基础就是要更加系统地开展葡萄种质资源的收集保存工作，充分有效地利用现有葡萄种质资源的各种优势。

五、中国葡萄品种引选育研究现状

植物品种是农业发展的基础，新品种的培育是推动农业不断发展的动力，因此，开展葡萄品种培育尤为重要。据不完全统计，全球约有葡萄品种14 000个，按照品种的用途分类，可分为鲜食品种、加工品种和砧木品种，而葡萄育种的手段也主要有芽变、实生苗变异和杂交育种等，但随着现代育种手段的不断丰富，诱变、组织培养、分子标记、染色体加倍、转基因和基因编辑等技术也不断应用于葡萄育种当中，为加快葡萄新品种的培育提供了技术支撑。

（一）葡萄品种的引选

当前，中国主要栽培的葡萄品种均为"舶来品"，葡萄品种的引选工作在中国葡萄产业的发展历程中起到至关重要的作用。张骞出使西域引进葡萄品种并在中国开始栽培。近代爱国华侨张弼士创办张裕葡萄酒公司，从欧洲引进了葡萄品种160多个，开创了中国近代葡萄栽培和葡萄酒酿造事业。直至现如今，巨峰系、红地球、赤霞珠、梅鹿辄、霞多丽等品种陆续被引进。可以说，中国葡萄产业的发展一直伴随着葡萄品种的引进和筛选。

20世纪前半期，在中国广泛栽培的葡萄品种主要有龙眼、玫瑰香、牛奶、驴奶、紫牛奶、白鸡心、红鸡心、瓶儿、牛心、无核白、红葡萄和白葡萄等10多个品种，这些品种均为中国古老的品种。在此期间，虽然中国一些研究机构从苏联、法国、日本、意大利和西班牙等国引进了葡萄品种190多个，但引进的品种没有得到大面积推广。

20世纪后半期，葡萄科研与生产受到国家重视，从国外引种多达160多批次，引进品种1 000多个，这些品种主要保存在国家葡萄种质资源圃。在这期间，国内的一些科研机构在加强品种引进的基础上，更加注重优良品种的筛选。鲜食葡萄品种筛选出莎芭珍珠、葡萄园皇后、新玫瑰、玫瑰香、乍娜、巨峰、黑奥林、藤稔、红地球、夏黑、森田尼无核、汤姆森无核等30多个品种；加工葡萄品种筛选出赤霞珠、梅鹿辄、黑比诺、雷司令、歌海娜、品丽珠、霞多丽、长相思、贵人香、佳丽酿、康可等品种20多个，初步形成了中国现阶段葡萄主要栽培品种。

近年来，随着中国葡萄产业的迅猛发展，消费者对葡萄的多元化需求，国内不少单位和个人更加注重葡萄优良品种的引进、筛选和推广工作，比如，鲜食葡萄优良品种阳光玫瑰、甜蜜蓝宝石，酿酒葡萄优良品种马瑟兰等在国内得到了大量的推广和应用。

（二）葡萄新品种的培育

与传统的葡萄产业发达国家相比，中国葡萄新品种的培育工作相对滞后。虽然中国主栽的葡萄品种均为国外引进品种，但在葡萄育种工作者不断努力下，大量的葡萄优新品种被培育出来，为中国葡萄产业的可持续发展提供了品种支撑。

1. 酿酒葡萄品种的培育

酿酒葡萄特殊的使用目的决定了其育种的特殊性。中国从20世纪50年代开始有目的地进行酿酒葡萄育种，酿酒葡萄育种主要集中在几个时期，即1950—1959年育种目标以培养抗逆性强的酿酒葡萄品种为主，将欧亚种与中国野生山葡萄做亲本进行杂交育种，培育出了北醇、北红、北玫等品种；1970—1979年酿酒葡萄的培育以利用中国选育出的优质野生山葡萄资源为主；进入21世纪，中国酿酒葡萄品种的培育主要以抗病、抗寒、抗旱、抗晚霜、果实成熟性、果穗与果粒性状等育种目标为主。

截至2018年，我国葡萄育种者先后培育出酿酒葡萄品种（系）200余个，而通过审定、鉴定程序的酿酒葡萄品种有67个。

表1-5　中国育成的酿酒葡萄品种

序号	培育/审定年份	品种名称	育成方法	亲本	种类	选育单位
1	1951	公酿1号	杂交	玫瑰香 × 山葡萄	欧山杂种	吉林省农业科学院果树研究所
2	1954	宿晓红	杂交	亲本不详	欧亚种	江苏省宿迁县林果站
3	1957	泉白	杂交	雷司令 × 味儿多	欧亚种	山东省酿酒葡萄科学研究所
4	1957	泉玉	杂交	雷司令 × 玫瑰香	欧亚种	山东省酿酒葡萄科学研究所

序号	培育/审定年份	品种名称	育成方法	亲本	种类	选育单位
5	1959	山玫瑰	杂交	玫瑰香 × 山葡萄	欧山杂种	中国农业科学院果树研究所
6	1959	黑山	杂交	黑汉 × 山葡萄1号	欧山杂种	中国农业科学院果树研究所
7	1965	北醇	杂交	玫瑰香 × 山葡萄	欧山杂种	中国科学院植物研究所
8	1974	公酿2号	杂交	山葡萄 × 玫瑰香	欧山杂种	吉林省农业科学院果树研究所
9	1975	双庆	实生	山葡萄	山葡萄	中国农业科学院特产研究所
10	1978	黑佳酿	杂交	赛比尔2号 × 佳丽酿	欧亚种	中国农业科学院郑州果树研究所
11	1979	红汁露	杂交	梅鹿辄 × 味儿多	欧亚种	山东省酿酒葡萄科学研究所
12	1979	梅醇	杂交	梅鹿辄 × 味儿多	欧亚种	山东省酿酒葡萄科学研究所
13	1979	梅浓	杂交	梅鹿辄 × 味儿多	欧亚种	山东省酿酒葡萄科学研究所
14	1979	梅郁	杂交	梅鹿辄 × 味儿多	欧亚种	山东省酿酒葡萄科学研究所
15	1979	梅郁	杂交	梅鹿辄 × 魏天子	欧亚种	山东省酿酒葡萄科学研究所
16	1979	泉白	杂交	雷司令 × 魏天子	欧亚种	山东省酿酒葡萄科学研究所
17	1980	红汁露	杂交	梅鹿辄 × 魏天子	欧亚种	山东省酿酒葡萄科学研究所
18	1980	梅醇	杂交	梅鹿辄 × 魏天子	欧亚种	山东省酿酒葡萄科学研究所
19	1981	烟74	杂交	紫北赛 × 玫瑰香	欧亚种	烟台葡萄酿酒公司

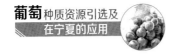

续表

序号	培育/审定年份	品种名称	育成方法	亲本	种类	选育单位
20	1981	烟73	杂交	玫瑰香 × 紫北塞	欧亚种	烟台葡萄酿酒公司
21	1985	左山一	实生	野生山葡萄	山葡萄	中国农业科学院特产研究所
22	1985	梅浓	杂交	梅鹿辄 × 魏天子	欧亚种	山东省酿酒葡萄科学研究所
23	1985	泉玉	杂交	雷司令 × 玫瑰香	欧亚种	山东省酿酒葡萄科学研究所
24	1985	北全	杂交	北醇 × 大可满	欧山杂种	中国科学院植物研究所
25	1988	双优	杂交	通化1号 × 双庆	山葡萄	吉林农业大学
26	1988	熊岳白	杂交	（玫瑰香 × 山葡萄）× 龙眼	欧山杂种	辽宁省熊岳农业高等专科学校
27	1991	左山二	实生	山葡萄	山葡萄	中国农业科学院特产研究所
28	1991	通化3号	实生	山葡萄	山葡萄	吉林通化葡萄酒公司
29	1991	通化7号	实生	山葡萄	山葡萄	吉林通化葡萄酒公司
30	1991	泉丰	杂交	白羽 × 二号白大粒	欧亚种	山东省酿酒葡萄科学研究所
31	1991	泉莹	杂交	白羽 × 白莲子	欧亚种	山东省酿酒葡萄科学研究所
32	1991	泉醇	杂交	白雅 × 法国蓝	欧亚种	山东省酿酒葡萄科学研究所

续表

序号	培育/审定年份	品种名称	育成方法	亲本	种类	选育单位
33	1991	泉晶	杂交	白雅 × 法国蓝	欧亚种	山东省酿酒葡萄科学研究所
34	1995	双丰	杂交	通化1号 × 双庆	山葡萄	中国农科院特产研究所
35	1998	双红	杂交	通化3号 × 双庆	山葡萄	中国农科院特产研究所
36	1998	爱格丽	杂交	[白诗南 ×（霞多丽 × 雷司令）]×（霞多丽 + 雷司令 + 白诗南混合花粉）	欧亚种	西北农林科技大学
37	1998	左红一	杂交	（左山二 × 小红玫瑰）×（山葡萄73121 × 双庆）	欧山杂种	中国农科院特产研究所
38	2000	户太9号	芽变	户太8号	欧美杂种	西安市葡萄研究所
39	2004	野酿1号	实生	野生雌性花毛葡萄	毛葡萄	广西农科院园艺所
40	2004	户太10号	芽变	户太8号	欧美杂种	西安市葡萄研究所
41	2005	凌丰	杂交	毛葡萄 × 粉红玫瑰	种间杂种	广西农业科学院
42	2005	凌优	杂交	毛葡萄 × 白玉霓	种间杂种	广西农业科学院
43	2005	左优红	杂交	（左山二 × 小红玫瑰）×（山葡萄73134 × 双庆）	欧山杂种	中国农业科学院特产研究所
44	2006	北丰	杂交	蘡薁葡萄 × 玫瑰香	种间杂种	中国科学院植物研究所
45	2006	北紫	杂交	蘡薁葡萄 × 玫瑰香	种间杂种	中国科学院植物研究所

序号	培育/审定年份	品种名称	育成方法	亲本	种类	选育单位
46	2006	北香	杂交	蘡薁葡萄 × 玫瑰香	种间杂种	中国科学院植物研究所
47	2006	特优1号	杂交	毛葡萄 × 白玉霓	种间杂种	新疆农业科学院等
48	2008	北冰红	杂交	左优红 ×84−26−53	欧山杂种	中国农业科学院特产研究所
49	2008	北红	杂交	玫瑰香 × 山葡萄	欧山杂种	中国科学院植物研究所
50	2008	北玫	杂交	玫瑰香 × 山葡萄	欧山杂种	中国科学院植物研究所
51	2010	牡山1号	实生	山葡萄	山葡萄	黑龙江省农业科学院
52	2011	华葡1号	杂交	左山一 × 白马拉加	欧山杂种	中国农业科学院果树研究所
53	2011	野酿2号	实生	野生两性花毛葡萄	毛葡萄	广西农业科学院园艺所
54	2011	湘酿1号	诱变	野生刺葡萄	刺葡萄	湖南农业大学
55	2011	媚丽	杂交	［玫瑰香 ×（梅鹿辄 × 雷司令）］×（梅鹿辄＋雷司令＋玫瑰香）	欧亚种	西北农林科技大学
56	2012	雪兰红	杂交	左优红 × 北冰红	欧山杂种	中国农业科学院特产研究所
57	2012	桂葡2号	杂交	毛葡萄 ×B. LaneDuBois	种间杂种	广西农业科学院

续表

序号	培育/审定年份	品种名称	育成方法	亲本	种类	选育单位
58	2013	北馨	杂交	山葡萄 × 欧亚种	欧山杂种	中国科学院植物研究所
59	2013	北玺	杂交	玫瑰香 × 山葡萄	欧山杂种	中国科学院植物研究所
60	2013	新北醇	芽变	北醇	欧山杂种	中国科学院植物研究所
61	2014	桂葡5号	芽变	黑后	不详	广西农业科学院葡萄酒研究所
62	2014	齐酿1号	杂交	（玫瑰香 × 公酿2号）×（山葡萄 × 白雅）	欧山杂种	齐齐哈尔市园艺研究所
63	2015	北国蓝	杂交	左山一 × 双庆	山葡萄	中国农业科学院特产研究所
64	2015	云葡1号	杂交	毛葡萄 × 无核白鸡心	欧山杂种	云南农业大学园艺学院
65	2015	桂葡6号	无性系	毛葡萄	毛葡萄	广西农业科学院
66	2015	云葡2号	杂交	雌能花毛葡萄 × 无核白鸡心	欧山杂种	云南农业大学园艺学院
67	2016	北国红	杂交	左山二 × 双庆	山葡萄	中国农业科学院特产研究所

2. 鲜食葡萄品种的培育

中国鲜食葡萄的选育工作是从20世纪60年代开始的，主要经历了以下几个阶段：1960—1969年，加大了对鲜食葡萄的培育工作，早熟、优质的鲜食葡萄品种是育种的主要目标，其中的京早晶、山东早红在20世纪60年代后期到80年代初期是中国主栽的早熟鲜食葡萄；1970—1979年，育种目标从培育早熟鲜食葡萄品种转向培育有玫瑰香味、大粒优质品种；

1980—1989年，在鲜食葡萄选育上加大了对欧美杂种巨峰的利用；1990—1999年，鲜食葡萄的培育达到了高峰，主要目标是选育大粒、无核、有香味、耐贮运、早熟、适于设施栽培的品种，如沪培2号、京蜜、京香玉；2000年以后，葡萄育种目标变得多样化，主要以大粒、无核、抗病、早熟、耐贮运、具有玫瑰香味、特殊外形等育种目标为主。

截至2018年，我国葡萄育种者先后培育出鲜食葡萄品种（系）300余个，而通过审定、鉴定程序的鲜食葡萄品种有257个。

表1-6　中国育成的鲜食葡萄品种

序号	培育/审定年份	品种名称	育成方法	亲本	种类	选育单位
1	1950	长无核白	芽变	无核白	欧亚种	在吐鲁番地区发现
2	1962	郑州早红	杂交	玫瑰香 × 莎芭珍珠	欧亚种	中国农业科学院郑州果树所
3	1963	早甜玫瑰香	实生	玫瑰香	欧亚种	中国农业科学院郑州果树所
4	1974	长穗无核白	芽变	无核白	欧亚种	新疆农业科学院等
5	1974	早玫瑰	杂交	玫瑰香 × 莎巴珍珠	欧亚种	西北农林科技大学
6	1974	公酿2号	杂交	山葡萄 × 玫瑰香	欧山杂种	吉林省农业科学院果树所
7	1974	大粒无核白	诱变	无核白	欧亚种	新疆农业科学院等
8	1976	山东早红	杂交	玫瑰香 × 葡萄园皇后	欧亚种	山东省酿酒葡萄科学研究所
9	1976	泉龙珠	杂交	玫瑰香 × 葡萄园皇后	欧亚种	山东省酿酒葡萄科学研究所

续表

序号	培育/审定年份	品种名称	育成方法	亲本	种类	选育单位
10	1976	吉香	芽变	白香蕉	欧亚种	吉林省农业学校
11	1977	京丰	杂交	葡萄园皇后 × 红无籽露	欧美杂种	中国科学院植物所
12	1977	京大晶	杂交	葡萄园皇后 × 马纽卡	欧亚种	中国科学院植物所
13	1978	红香蕉	杂交	玫瑰香 × 白香蕉	欧美杂种	山东省酿酒葡萄科学研究所
14	1978	红莲子	杂交	玫瑰香 × 葡萄园皇后	欧亚种	山东省酿酒葡萄科学研究所
15	1978	脆红	杂交	玫瑰香 × 白香蕉	欧美杂种	山东省酿酒葡萄科学研究所
16	1979	泽香	杂交	玫瑰香 × 龙眼	欧亚种	山东省平度市洪山园艺场
17	1982	郑州早玉	杂交	葡萄园皇后 × 意大利	欧亚种	中国农业科学院郑州果树所
18	1984	京可晶	杂交	法国蓝 × 吗纽卡	欧亚种	中国科学院植物所
19	1984	京超	实生	巨峰	欧美杂种	中国科学院植物所
20	1985	紫玫康	杂交	玫瑰香 × 康拜尔早生	欧美杂种	江西农业大学
21	1985	紫丰	杂交	黑汉 × 尼加拉	欧美杂种	辽宁省盐碱地利用研究所
22	1985	玫野黑	杂交	（玫瑰香 × 葛藟）× 黑汗	种间杂种	江西农业大学

序号	培育/审定年份	品种名称	育成方法	亲本	种类	选育单位
23	1985	贵妃玫瑰	杂交	葡萄园皇后 × 红香蕉	欧亚种	山东省酿酒葡萄科学研究所
24	1985	趵突红	杂交	甜水 × 东北山葡萄	欧山杂种	山东省酿酒葡萄科学研究所
25	1985	白玫康	杂交	玫瑰香 × 康拜尔早生	欧美杂种	江西农业大学
26	1986	紫珍珠	杂交	玫瑰香 × 莎芭珍珠	欧亚种	北京市农林科学院林业果树所
27	1986	早莎巴珍珠	芽变	莎巴珍珠	欧亚种	中国农业科学院郑州果树所
28	1986	早玛瑙	杂交	玫瑰香 × 京早晶	欧亚种	北京市农林科学院林业果树所
29	1986	艳红	杂交	玫瑰香 × 京早晶	欧亚种	北京市农林科学院林业果树所
30	1986	翠玉	杂交	玫瑰香 × 京早晶	欧亚种	北京市农林科学院林业果树所
31	1987	沈87-1	不详	亲本不祥	欧亚种	辽宁鞍山郊区葡萄园中发现
32	1987	康太	芽变	康拜尔早生	欧美杂种	辽宁省农业科学院园艺所
33	1987	超康早	实生	康拜尔早生	欧美杂种	河北省农林科学院昌黎果树所
34	1987	超康美	实生	康拜尔早生	欧美杂种	河北省农林科学院昌黎果树所
35	1987	超康丰	实生	康拜尔早生	欧美杂种	河北省农林科学院昌黎果树所
36	1988	无核8612	杂交	郑州早红 × 维拉玫瑰	欧美杂种	河北省农林科学院昌黎果树所

续表

序号	培育/审定年份	品种名称	育成方法	亲本	种类	选育单位
37	1988	甜峰	实生	巨峰	欧美杂种	吉林农业科学院果树研究所
38	1988	瑰宝	杂交	依斯比沙里 × 维拉玫瑰	欧亚种	山西省农业科学院果树所
39	1988	凤凰51号	杂交	绯红 × 白玫瑰香	欧亚种	大连市农业科学研究所
40	1988	凤凰12号	杂交	白玫瑰香 ×（粉红葡萄 × 胜利）	欧亚种	大连市农林业学研究所
41	1990	六月紫	芽变	山东早红葡萄	欧亚种	济南市历城区果树管理服务总站
42	1991	紫珍香	芽变	沈阳玫瑰 × 紫香水	欧美杂种	辽宁省农业科学院园艺所
43	1992	公主白	杂交	公酿2号 × 白香蕉	欧山杂种	吉林省农业科学院果树所
44	1993	夕阳红	杂交	玫瑰香芽变 × 巨峰	欧美杂种	辽宁省农业科学院园艺所
45	1993	玫瑰红	杂交	罗耶尔玫瑰 ×（玫瑰香 × 山葡萄）	欧山杂种	黑龙江省齐齐哈尔市园艺所
46	1994	早玫瑰香	杂交	玫瑰香 × 莎巴珍珠	欧亚种	北京市农林科学院林业果树所
47	1994	红玉霓	杂交	红香蕉 × 葡萄园皇后	欧美杂种	山东省酿酒葡萄科学研究所
48	1994	黑香蕉	杂交	红香蕉 × 葡萄园皇后	欧美杂种	山东省酿酒葡萄科学研究所
49	1994	瑰香怡	杂交	玫瑰香芽变（7601）× 巨峰	欧美杂种	辽宁省农业科学院园艺所
50	1994	丰宝	杂交	葡萄园皇后 × 红香蕉	欧美杂种	山东省酿酒葡萄科学研究所
51	1994	翡翠玫瑰	杂交	红香蕉 × 葡萄园皇后	欧美杂种	山东省酿酒葡萄科学研究所

续表

序号	培育/审定年份	品种名称	育成方法	亲本	种类	选育单位
52	1994	爱神玫瑰	杂交	玫瑰香 × 京早晶	欧亚种	北京市农林科学院林业果树所
53	1995	秦龙大穗	芽变	里扎马特	欧亚种	河北科技师范学院
54	1995	内京香	杂交	白香蕉 × 京早晶	欧美杂种	内蒙古农业科学院园艺所
55	1996	申秀	实生	巨峰	欧美杂种	上海市农业科学院园艺所
56	1996	内醇丰	杂交	北醇 × 巨峰	种间杂种	内蒙古农业科学院
57	1996	户太8号	芽变	奥林匹亚	欧美杂种	西安市葡萄研究所
58	1997	醉金香	杂交	玫瑰香芽变 × 巨峰	欧美杂种	辽宁省农业科学院园艺所
59	1997	红双味	杂交	葡萄园皇后 × 红香蕉	欧美杂种	山东省酿酒葡萄科学研究所
60	1999	山东早红	杂交	玫瑰香 × 葡萄园皇后	欧亚种	山东省酿酒葡萄科学研究所
61	1999	峰后	实生	巨峰	欧美杂种	北京市农林科学院林业果树所
62	1999	大粒六月紫	芽变	六月紫	欧亚种	济南市历城区果树管理服务总站
63	2000	香妃	杂交	（玫瑰香 × 莎巴珍珠）× 绯红	欧亚种	北京市农林科学院林业果树所
64	2000	无核早红	杂交	郑州早红 × 巨峰	欧美杂种	河北省农林科学院昌黎果树所
65	2000	水晶无核	杂交	葡萄园皇后 × 康耐诺	欧亚种	新疆石河子葡萄研究所

续表

序号	培育/审定年份	品种名称	育成方法	亲本	种类	选育单位
66	2000	昆香无核	杂交	葡萄园皇后 × 康耐诺	欧亚种	新疆石河子葡萄研究所
67	2000	户太9号	芽变	户太8号	欧美杂种	西安市葡萄研究所
68	2000	丰香	杂交	泽香 × 玫瑰香	欧亚种	山东省平度市葡萄研究所
69	2001	早黑宝	杂交	瑰宝 × 早玫瑰	欧亚种	山西省农业科学院果树所
70	2001	京早晶	杂交	葡萄园皇后 × 无核白	欧亚种	中国科学院植物所
71	2001	京玉	杂交	意大利 × 葡萄园皇后	欧亚种	中国科学院植物所
72	2001	京优	实生	黑奥林	欧美杂种	中国科学院植物所
73	2001	京亚	实生	黑奥林	欧美杂种	中国科学院植物所
74	2001	京秀	杂交	潘诺尼亚 ×60-33	欧亚种	中国科学院植物所
75	2001	红旗特早玫瑰	芽变	玫瑰香	欧亚种	平度市红旗园艺场
76	2001	Jan-90	芽变	乍娜	欧亚种	河南科技大学
77	2002	蜜红	杂交	沈阳玫瑰 × 黑奥林	欧美杂种	大连市农业科学研究院
78	2002	巨玫瑰	杂交	沈阳玫瑰 × 巨峰	欧美杂种	大连市农业科学研究院
79	2002	黑瑰香	杂交	沈阳玫瑰 × 巨峰	欧美杂种	大连市农业科学研究院
80	2003	紫金早	实生	京亚	欧美杂种	江苏省农业科学院园艺所
81	2003	早熟玫瑰香	杂交	早玫瑰 × 贵妃玫瑰	欧美杂种	山东省葡萄研究所

序号	培育/审定年份	品种名称	育成方法	亲本	种类	选育单位
82	2003	早红珍珠	芽变	绯红	欧亚种	冀鲁果业发展合作会
83	2003	红标无核	杂交	郑州早红 × 巨峰	欧美杂种	河北农林科学院昌黎果树所
84	2004	紫香无核	杂交	玫瑰香 × 无核紫	欧亚种	新疆石河子葡萄研究所
85	2004	瑞锋无核	芽变	先锋	欧美杂种	北京市农林科学院林业果树所
86	2004	绿玫瑰	杂交	秦龙大穗 × 莎芭珍珠	欧美杂种	吉林省农业科学院
87	2004	洛浦早生	芽变	京亚	欧美杂种	河南科技大学
88	2004	红双星	芽变	山东早红	欧亚种	建中早熟葡萄新品种研究所
89	2004	公主红	杂交	康太 × 早生高墨	欧美杂种	吉林省农业科学院果树所
90	2004	碧香无核	杂交	郑州早玉 × 莎巴珍珠	欧亚种	吉林农业科技学院
91	2005	紫秋	实生	刺葡萄	刺葡萄	芷江侗族自治县农业局
92	2005	新郁	杂交	E42-6（红地球实生）× 里扎马特	欧亚种	新疆葡萄瓜果开发研究中心
93	2005	香悦	杂交	沈阳玫瑰 × 8001	欧美杂种	辽宁省农业科学院园艺所
94	2005	超宝	杂交	11-9 × 葡萄园皇后	欧亚种	中国农业科学院郑州果树研究所
95	2006	状元红	杂交	巨峰 × 玫瑰怡	欧美杂种	辽宁省农业科学院

续表

序号	培育/审定年份	品种名称	育成方法	亲本	种类	选育单位
96	2006	中秋	实生	巨峰玫瑰	欧亚种	河北农业大学
97	2006	早甜葡萄	芽变	巨峰	欧美杂种	金华市金东区孝顺镇浦口村俞敬仲
98	2006	申丰	杂交	京亚 × 紫珍香	欧美杂种	上海市农业科学院林木果树研究所
99	2006	沪培1号	杂交	喜乐 × 巨峰	欧美杂种	上海市农业科学院林木果树研究所
100	2006	户太10号	芽变	户太8号	欧美杂种	陕西葡萄研究所
101	2006	红亚历山大	芽变	亚历山大	欧亚种	上海交通大学
102	2006	6–12	芽变	绯红	欧亚种	山东省莒县林业局、志昌葡萄研究所
103	2007	郑佳	杂交	亲本不详	欧亚种	中国农业科学院郑州果树研究所
104	2007	早甜	芽变	先锋	欧美杂种	浙江省农业科学院园艺研究所
105	2007	瑞都香玉	杂交	京秀 × 香妃	欧亚种	北京市农林科学院林业果树所
106	2007	瑞都脆霞	杂交	京秀 × 香妃	欧亚种	北京农林科学院林业果树研究所
107	2007	秋红宝	杂交	瑰宝 × 粉红太妃	欧亚种	山西省农业科学院果树所
108	2007	辽峰	芽变	巨峰	欧美杂种	辽阳市柳条寨镇赵铁英发现

序号	培育/审定年份	品种名称	育成方法	亲本	种类	选育单位
109	2007	京香玉	杂交	京秀 × 香妃	欧亚种	中国科学院植物所
110	2007	京蜜	杂交	京秀 × 香妃	欧亚种	中国科学院植物所
111	2007	京翠	杂交	京秀 × 香妃	欧亚种	中国科学院植物所
112	2007	金田蜜	杂交	（里扎马特 × 红双味）×（凤凰51× 珍珠）	欧亚种	河北科技师范学院
113	2007	金田0608	杂交	秋黑 × 牛奶	欧亚种	河北科技师范学院
114	2007	金手指	杂交	不详	欧美杂种	山东省鲜食葡萄研究所
115	2007	江北紫地球	芽变	秋黑	欧亚种	山东省平度市江北葡萄研究所
116	2007	沪培2号	杂交	杨格尔 × 紫珍香	欧美杂种	上海市农业科学院林木果树研究所
117	2007	沪培1号	杂交	喜乐 × 巨峰	欧美杂种	上海市农业科学院林木果树研究所
118	2008	申宝	实生	巨峰	欧美杂种	上海市农业科学院林木果树研究所
119	2009	醉人香	杂交	巨峰 × 卡氏玫瑰	欧美杂种	甘肃省农业科学院
120	2009	紫地球	芽变	秋黑	欧亚种	山东省江北葡萄研究所
121	2009	着色香	杂交	玫瑰露 × 罗也尔玫瑰	欧美杂种	辽宁省盐碱地利用研究所
122	2009	月光无核	杂交	玫瑰香 × 巨峰	欧美杂种	河北农林科学院昌黎果树所

续表

序号	培育/审定年份	品种名称	育成方法	亲本	种类	选育单位
123	2009	夏至红	杂交	绯红 × 玫瑰香	欧亚种	中国农业科学院郑州果树所
124	2009	霞光	杂交	玫瑰香 × 京亚	欧美杂种	河北农林科学院昌黎果树所
125	2009	沈农香丰	实生	紫珍香	欧美杂种	沈阳农业大学
126	2009	沈农硕丰	自交	紫珍香	欧美杂种	沈阳农业大学
127	2009	神农金皇后	实生	沈87-1	欧亚种	沈阳农业大学
128	2009	瑞都无核怡	杂交	香妃 × 红宝石无核	欧亚种	北京农林科学院林业果树研究所
129	2009	绿宝石	芽变	汤姆逊无核	欧亚种	潍坊市农业科学院
130	2009	巨玫	杂交	玫瑰香 × 巨峰	欧美杂种	河北农业大学
131	2009	大青葡萄	不详	不详	欧亚种	青铜峡市林业局
132	2009	碧玉香	杂交	绿山 × 尼加拉	欧美杂种	辽宁省盐碱地利用研究所
133	2010	紫甜无核	杂交	皇家秋天 × 牛奶	欧亚种	河北省林业技术推广总站
134	2010	紫脆无核	杂交	皇家秋天 × 牛奶	欧亚种	河北省林业推广总站
135	2010	园意红	杂交	大红球 × 意大利	欧亚种	张家港神园葡萄科技有限公司
136	2010	园野香	杂交	矢富罗莎 × 高千穗	欧亚种	张家港神园葡萄科技有限公司
137	2010	甬优1号	芽变	藤稔	欧美杂种	宁波东钱湖旅游度假区野马湾葡萄场

序号	培育/审定年份	品种名称	育成方法	亲本	种类	选育单位
138	2010	鄞红	芽变	藤稔	欧美杂种	宁波东钱湖旅游度假区野马湾葡萄场
139	2010	申华	杂交	京亚 × 86-179	欧美杂种	上海市农业科学院林木果树研究所
140	2010	秋黑宝	诱变	瑰宝 × 秋红诱变四倍体	欧亚种	山西省农业科学院果树所
141	2010	丽红宝	杂交	瑰宝 × 无核白鸡心	欧亚种	山西省农业科学院果树所
142	2010	京艳	杂交	京秀 × 香妃	欧亚种	中国科学院植物所
143	2010	金田美指	杂交	牛奶 × 美人指	欧亚种	河北科技师范学院
144	2010	金田玫瑰	杂交	玫瑰香 × 红地球	欧亚种	河北科技师范学院
145	2010	金田蓝宝石	杂交	秋黑 × 牛奶	欧亚种	河北科技师范学院
146	2010	金田翡翠	杂交	凤凰51 × 维多利亚	欧亚种	河北科技师范学院
147	2010	火州黑玉	杂交	红地球 × 火焰无核	欧亚种	新疆葡萄瓜果开发研究中心
148	2010	红太阳	芽变	红地球	欧美杂种	山西省清徐县农户
149	2010	红十月	实生	甲斐露	欧亚种	青铜峡市森淼园林工程有限责任公司
150	2010	光辉	诱变	香悦 × 京亚杂交种子诱变四倍体	欧美杂种	沈阳市林业果树科学研究所
151	2011	紫提988	芽变	红地球	欧美杂种	礼泉县鲜食葡萄专业合作社
152	2011	钟山红	实生	魏可	欧亚种	南京农业大学

续表

序号	培育/审定年份	品种名称	育成方法	亲本	种类	选育单位
153	2011	早霞玫瑰	杂交	玫瑰香 × 秋黑	欧亚种	辽宁省大连市农业科学研究院
154	2011	宇选1号	芽变	巨峰	欧美杂种	乐清市联宇葡萄研究所
155	2011	无核翠宝	杂交	瑰宝 × 无核白鸡心		山西省农业科学院果树所
156	2011	甜峰1号	芽变	巨峰	欧美杂种	宜州市水果生产管理局
157	2011	蜀葡1号	芽变	红地球	欧亚种	四川省自然资源科学研究院
158	2011	申玉	杂交	藤稔 × 红后	欧美杂种	上海市农业科学院
159	2011	绿翠	杂交	白哈利 × 伊斯比沙里	欧亚种	石河子农业科技开发研究中心葡萄研究所
160	2011	巨紫香	杂交	巨峰 × 紫珍香	欧亚种	辽宁省农业科学院
161	2011	金田无核	杂交	牛奶 × 皇家秋天	欧美杂种	河北科技师范学院
162	2011	金田红	杂交	玫瑰香 × 红地球	欧亚种	河北科技示范学院
163	2011	戈壁新秀	杂交	里马扎特 × 红地球	欧亚种	新疆葡萄瓜果开发研究中心
164	2011	翠绿	杂交	白哈利 × 依斯比沙里	欧亚种	新疆石河子农科中心葡萄研究所
165	2012	早夏无核	芽变	夏黑	欧美杂种	上海奥德农庄
166	2012	早霞葡萄	杂交	白玫瑰香 × 秋黑	欧亚种	大连市农业科学研究院

序号	培育/审定年份	品种名称	育成方法	亲本	种类	选育单位
167	2012	玉手指	芽变	金手指	欧美杂种	浙江省农科院园艺所
168	2012	野酿2号	芽变	毛葡萄	毛葡萄	广西植物组培苗有限公司
169	2012	新葡7号	芽变	无核白	欧亚种	新疆农十三师农业科学研究所
170	2012	夏紫	杂交	玫瑰香 × 六月紫	欧亚种	潍坊市农业科学院
171	2012	水源1号	芽变	毛葡萄	毛葡萄	广西罗城仫佬族自治县水果生产管理局
172	2012	水源11号	芽变	毛葡萄	毛葡萄	广西壮族自治区水果生产技术指导总站
173	2012	秦香无核	杂交	黎明无核 × 火焰无核	欧亚种	西北农林科技大学
174	2012	秦红1号	杂交	底莱特 × 红宝石无核	欧亚种	西北农林科技大学
175	2012	晶红宝	杂交	瑰宝 × 无核白鸡心	欧亚种	山西省农业科学院果树所
176	2012	京红宝	杂交	瑰宝 × 无核白鸡心	欧亚种	山西省农业科学院果树所
177	2012	红乳	芽变	红指	欧亚种	河北爱博欣农业有限公司
178	2012	爱博欣1号	实生	巨峰	欧美杂种	河北爱博欣农业有限公司
179	2012	Jan-94	芽变	凤凰51	欧亚种	河南省濮阳市林业科学院

续表

序号	培育/审定年份	品种名称	育成方法	亲本	种类	选育单位
180	2013	云军一号	杂交	不详	欧亚种	山东显示葡萄研究所
181	2013	园玉	杂交	白罗莎里奥 × 高千穗	欧亚种	张家港神园葡萄科技有限公司
182	2013	烟葡1号	芽变	8612	欧美杂种	山东省烟台市农业科学研究院
183	2013	小辣椒	杂交	美人指 × 大独角兽	欧亚种	张家港神园葡萄科技有限公司
184	2013	晚红宝	诱变	瑰宝 × 秋红杂交种子	欧亚种	山西省农业科学院果树所
185	2013	晚黑宝	诱变	瑰宝 × 秋红诱变四倍体	欧亚种	山西省农业科学院果树所
186	2013	申爱	杂交	金星无核 × 郑州早红	欧美杂种	上海市农业科学院园艺所
187	2013	瑞都红玫	杂交	京秀 × 香妃	欧亚种	北京市农林科学院林业果树所
188	2013	蜜光	杂交	巨峰 × 早黑宝	欧美杂种	河北省农林科学院昌黎果树研究所
189	2013	红指	杂交	美人指 × 克林巴马	欧亚种	李绍星葡萄育种研究所
190	2013	红枫	杂交	巨星 × 丰宝	欧美杂种	齐鲁工业大学
191	2013	红翠	杂交	巨星 × 京秀	欧亚种	齐鲁工业大学
192	2013	黑美人	实生	美人指	欧亚种	张家港神园葡萄科技有限公司
193	2013	贵园	实生	巨峰	欧美杂种	中国农业科学院郑州果树所

序号	培育 /审定年份	品种名称	育成方法	亲本	种类	选育单位
194	2013	峰光	杂交	巨峰 × 玫瑰香	欧美杂种	河北省农林科学院昌黎果树研究所
195	2013	丛林玫瑰	杂交	不详	欧美杂种	辽宁省丛林先生自主选育
200	2014	郑美	杂交	美人指 × 郑州早红	欧亚种	中国农业科学院郑州果树所
201	2014	岳红无核	杂交	晚红 × 无核白鸡心	欧亚种	辽宁省果树科学研究所
202	2014	新雅	杂交	红地球 × 里马扎特	欧亚种	新疆葡萄瓜果开发研究中心
203	2014	瑞都早红	杂交	京秀 × 香妃	欧亚种	北京市农林科学院林业果树所
204	2014	瑞都红玉	芽变	瑞都香玉	欧亚种	北京市农林科学院林业果树所
205	2014	火州紫玉	杂交	新葡1号 × 红无籽露	欧亚种	新疆葡萄瓜果开发研究中心
206	2014	沪培3号	杂交	喜乐 × 藤稔	欧美杂种	上海市农科院林木果树研究所
207	2014	桂葡7号	芽变	玫瑰香	欧亚种	广西农业科学院葡萄与葡萄酒研究所
208	2014	桂葡3号	芽变	金香	欧美杂种	广西农业科学院葡萄与葡萄酒研究所
209	2014	桂葡4号	芽变	巨峰	欧美杂种	广西农业科学院葡萄与葡萄酒研究所
210	2014	峰早	芽变	巨峰	欧美杂种	河南省濮阳市林业科学院
211	2014	朝霞无核	杂交	京秀 × 布朗无核	欧亚种	焦作市农业科学院
212	2014	百瑞早	芽变	无核早红	欧美杂种	南京农业大学

续表

序号	培育/审定年份	品种名称	育成方法	亲本	种类	选育单位
213	2015	紫金早生	诱变	金星无核	欧美杂种	江苏省农业科学院园艺研究所
214	2015	郑葡1号	杂交	红地球 × 早玫瑰	欧亚种	中国农业科学院郑州果树所
215	2015	郑葡2号	杂交	红地球 × 早玫瑰	欧亚种	中国农业科学院郑州果树所
216	2015	早夏香	芽变	夏黑早熟	欧美杂种	张家港神园葡萄科技有限公司
217	2015	早夏红	芽变	夏黑	欧美杂种	张家港神园葡萄科技有限公司
218	2015	园巨人	杂交	维多利亚 × 紫地球	欧亚种	张家港神园葡萄科技有限公司
219	2015	辛玉无核	无性系	8611	欧美杂种	辛集市林业局
220	2015	藤玉	杂交	藤念 × 紫玉	欧美杂种	张家港神园葡萄科技有限公司
221	2015	水晶红	杂交	美人指 × 玫瑰香	欧亚种	中国农业科学院郑州果树所
222	2015	沈香无核	自交	沈87-1	欧亚种	沈阳农业大学
223	2015	沈农脆峰	杂交	红地球 ×87-1	欧亚种	沈阳农业大学
224	2015	玫香宝	杂交	阿登纳玫瑰 × 巨峰	欧美杂种	山西省农业科学院果树所
225	2015	金龙珠	芽变	维多利亚	欧亚种	山东省果树研究所
226	2015	金龙珠	无性系	维多利亚	欧亚种	山东省果树研究所
227	2015	惠良刺葡萄	无性系	刺葡萄	刺葡萄	福安市经济作物站

序号	培育/审定年份	品种名称	育成方法	亲本	种类	选育单位
228	2015	红美	杂交	红亚历山大 × 美人指	欧亚种	中国农业科学院郑州果树所
229	2015	红玫香	芽变	玫瑰香	欧亚种	山东省果树研究所
230	2015	桂葡5号	芽变	黑后	欧亚种	广西农业科学院葡萄与葡萄酒研究所
231	2015	瑰香宝	杂交	阿登纳玫 × 巨峰	欧美杂种	山西省农业科学院果树所
232	2016	园红指	杂交	美人指 × 亚历山大	欧亚种	张家港神园葡萄科技有限公司
233	2016	园脆香	不详	亲本不详	欧亚种	张家港神园葡萄科技有限公司
234	2016	瑞都科美	杂交	意大利 × Muscat Louis	欧亚种	北京市林业果树科学研究院
235	2016	美红	杂交	红地球 × 6-12	欧亚种	甘肃省农业科学院林果花卉研究所
236	2016	礼泉超红	芽变	红地球	欧美杂种	陕西省礼泉县鲜食葡萄专业合作社
237	2017	早香玫瑰	芽变	巨玫瑰	欧美杂种	合肥市农业科学研究院
238	2017	玉波1号	杂交	紫地球 × 达米娜	欧亚种	山东省江北葡萄研究所
239	2017	玉波2号	杂交	紫地球 × 达米娜	欧亚种	山东省江北葡萄研究所
240	2017	雪蜜无核	芽变	克伦生	欧美杂种	辽宁省果树科学研究所
241	2017	天工墨玉	芽变	夏黑	欧美杂种	浙江省农业科学院园艺研究所
242	2017	天工翡翠	杂交	金手指 × 鄞红	欧美杂种	浙江省农业科学院园艺研究所

续表

序号	培育/审定年份	品种名称	育成方法	亲本	种类	选育单位
243	2018	学优红	杂交	罗莎卡 × 艾多米尼克	欧亚种	中国农业大学
244	2018	竹峰	芽变	巨峰	欧美杂种	河南洛阳农林科学院
245	2018	园绿指	杂交	美人指 ×7-7	欧亚种	张家港神园葡萄科技有限公司
246	2018	园金香	杂交	阳光玫瑰 × 蜜而脆	欧亚种	张家港神园葡萄科技有限公司
247	2018	园红玫	杂交	圣诞玫瑰 × 贵妃玫瑰	欧亚种	张家港神园葡萄科技有限公司
248	2018	天工玉柱	杂交	香蕉 × 红亚历山大	欧亚种	浙江省农业科学院
249	2018	神州红	杂交	圣诞玫瑰 × 玫瑰香	欧亚种	中国农科院郑州果树所
250	2018	瑞峰	杂交	沈阳玫瑰 × 峰后	欧亚种	辽宁省大连市现代农业生产发展服务中心
251	2018	庆丰	杂交	'京秀'ב罗萨卡'	欧亚种	中国农业科学院郑州果树所
252	2018	京莹	杂交	'京秀'ב香妃'	欧亚种	中国科学院植物所
253	2018	京焰晶	杂交	京秀 × 京早晶	欧亚种	中国科学院植物所
254	2018	短枝玉玫瑰	杂交	达米娜 × 紫地球	欧亚种	山东省江北葡萄研究所
255	2018	东方绿巨人	杂交	亲本不详	欧亚种	张家港神园葡萄科技有限公司
256	2018	东方玻璃脆	杂交	亲本不详	欧亚种	张家港神园葡萄科技有限公司
257	2018	春蜜	杂交	西万 × 罗萨卡	欧美杂种	中国农业大学园艺学院

3. 砧木品种的培育

葡萄砧木的研究与利用始于葡萄根瘤蚜的出现。19世纪以来，根瘤蚜由意大利向欧洲扩散，致使成千上万亩的葡萄园遭到破坏。研究人员发现根瘤蚜来自北美，而北美的野生葡萄并未受到根瘤蚜的伤害，因此他们推断北美野生葡萄中必定存在能够抵抗根瘤蚜的机制，这也促使研究人员将美洲野生葡萄作为欧洲葡萄的砧木用来抵御根瘤蚜。此外，随着砧木研究的深入开展，砧木在耐旱、耐湿、耐寒、耐高温、耐高钙、改变接穗生长周期、提高果实品质等方面的特征被不断挖掘出来。因此，嫁接苗的推广应用不但挽救了世界上主要葡萄产区遭受根瘤蚜的危害，同时也推动了葡萄砧木育种研究和应用。

葡萄根瘤蚜1892年传入中国，在辽宁、山东、陕西等局部地区发生，现已基本消灭。由于中国葡萄栽培地区尚未出现过严重的根瘤蚜、线虫等虫害，因此，中国葡萄砧木育种研究相对较少，且不以抗根瘤蚜、线虫为砧木育种主要目标，而是更加侧重于耐寒与耐旱等方面。

抗寒砧木通过嫁接可以提高葡萄栽培品种的根系抗冻害能力。中国拥有葡萄属中抗寒能力最强的种——山葡萄（*V. amurensis*），其根系能抗 $-15\sim-16℃$ 的低温，是抗寒育种的重要材料。自20世纪60年代以来，国内应用最多的抗寒砧木是山葡萄和'贝达'。此类砧木的普遍应用对扩大葡萄的栽培范围、减轻根系冻害、节省防寒用工和土方量起到了重要作用。但中国选育的砧木存在一定的缺陷，如山葡萄虽然根系具有极强的抗寒能力，但其自身扦插生根困难，实生苗生长发育缓慢，根系不发达，须根少，移栽成活率较低，而且嫁接大多有"小脚"现象。贝达砧木根系抗 $-12℃$ 左右的低温，虽然抗寒性不如山葡萄，但扦插生根容易，这也是我国早期大量使用该砧木品种的原因之一。但该品种易感染病毒病，在西北碱性土壤栽培易出现缺铁引起的黄化现象。

尽管中国拥有世界上一半以上的野生种质资源，但中国砧木育种工作未得到重视，致使诸多的野生抗性种质资源并没有被充分利用，缺乏自主知识产权的多抗葡萄品种，更缺少多抗的砧木品种。截至目前，中国培育的葡萄砧木品种仅有10个，而在国际葡萄品种目录数据库（Vitis International Variety Catalogue，VIVC）中登记的砧木品种仅有3个，分别是华葡1号、抗砧3号和抗砧5号。

表1-7　中国育成的葡萄砧木品种

序号	选育/鉴定年份	品种名称	育成方法	亲本	选育单位
1	1987	贝山砧	杂交	贝达 × 山葡萄	黑龙江省杨单成
2	1993	山河1号	杂交	河岸葡萄 × 山葡萄	山西省农业科学院园艺研究所
3	1993	山河2号	杂交	河岸葡萄 × 山葡萄	山西省农业科学院园艺研究所
4	1993	山河3号	杂交	河岸葡萄 × 山葡萄	山西省农业科学院园艺研究所
5	1993	山河4号	杂交	河岸葡萄 × 山葡萄	山西省农业科学院园艺研究所
6	1998	华佳8号	杂交	佳丽酿 × 华东葡萄	上海市农业科学园艺研究所
7	2008	抗砧1号	杂交	河岸580 × SO4	中国农业科学院郑州果树研究所
8	2009	抗砧3号	杂交	河岸580 × SO4	中国农业科学院郑州果树研究所
9	2009	抗砧5号	杂交	贝达 × 420A	中国农业科学院郑州果树研究所
10	2011	华葡1号	杂交	左山一 × 白马拉加	中国农业科学院果树所

（三）宁夏葡萄品种资源的引选

宁夏是中国最早进行葡萄种植的地区之一。早在唐朝诗人贯休就写

下了"赤落葡萄叶，香微甘草花"，元代诗人马祖常在其《灵州》一诗中写下"葡萄怜美酒，苜蓿趁田居"的诗句，这些诗句都是宁夏人用葡萄酿酒历史的最好佐证。20世纪80年代以前，宁夏栽培的葡萄品种较少，主要有大青，龙眼，玫瑰香等品种，且主要以鲜食为主。其中，大青品种是宁夏地方品种，该品种为欧亚种，别名圆葡萄、圆白葡萄、斯克瓦兹、白鸡心、哈什哈尔等。而随着宁夏葡萄产业的发展，宁夏贺兰山东麓葡萄产区作为中国葡萄酒国家地理标志产品保护区，酿酒葡萄产业发展迅猛，与之配套的葡萄品种，尤其是酿酒葡萄品种的引进筛选及资源收集保存的研究得到了相应的重视。

1. 宁夏葡萄品种资源的引进与利用

宁夏葡萄产业的规模化发展起始于1983年，玉泉营农场率先建立了宁夏第一个大型葡萄种植基地，随后便开始了葡萄品种的规模化引进。由于宁夏产区主要以发展酿酒葡萄为主，因此，多家单位参与了酿酒葡萄品种的引进，其中，玉泉营农场、广夏（银川）实业股份有限公司、宁夏德龙葡萄酒业有限公司和宁夏葡萄产业发展局等单位在宁夏酿酒葡萄品种引进与推广方面做了较为突出的贡献，这些品种的引进，也为整个宁夏产区酿酒葡萄主要栽培品种的确定奠定了基础。在品种引进的基础上，通过长期的栽培与筛选，宁夏产区现已形成了以赤霞珠、梅鹿辄、霞多丽等品种为主，其他多元化品种为辅的酿酒葡萄品种栽培格局。

与酿酒葡萄品种引进不同，宁夏鲜食葡萄品种引进的规模较小，推广栽培的面积也不如酿酒葡萄，截至2018年，宁夏鲜食葡萄栽培面积仅占整个葡萄栽培面积的10%左右，主要栽培的鲜食品种有红地球、乍娜、大青、维多利亚、无核白鸡心、奥古斯特、里扎马特、玫瑰香等，红地球是宁夏鲜食葡萄的绝对主栽品种，占鲜食葡萄栽培面积的70%以上。

表1-8 宁夏酿酒葡萄品种规模化引进一览表

年份	引进单位	来源	品种
1982	玉泉营农场	河北	龙眼、玫瑰香、红玫瑰
1998	玉泉营农场	法国	赤霞珠、品丽珠、黑比诺、西拉
1998	广夏（银川）实业股份有限公司	法国	赤霞珠、品丽珠、梅鹿辄、西拉、黑比诺、歌海娜、神索、佳美、赛美容、霞多丽、雷司令
2008	宁夏德龙葡萄酒业有限公司	意大利	赤霞珠、梅鹿辄、马瑟兰、霞多丽、雷司令、灰比诺
2013	宁夏葡萄产业发展局	法国	赤霞珠、梅鹿辄、品丽珠、黑比诺、西拉、马瑟兰、歌海娜、佳美、增芳德、桑娇维塞、内比奥罗、小西拉、小味儿多、棠普尼罗、佳丽酿、马尔贝克、佳美纳、蛇龙珠、马瑟兰、霞多丽、雷司令、贵人香、长相思、灰比诺、琼瑶浆、白比诺、小芒森、维欧尼、亚历山大玫瑰、赛美容

2. 宁夏葡萄品种资源的收集保存

随着宁夏葡萄产业的发展，越来越多的单位参与了葡萄种质资源的收集与保存工作。收集保存的葡萄种质资源的数量也在不断增加，截至目前，据不完全统计，宁夏现收集保存各类葡萄种质资源315份，涉及欧亚种群、东方种群和北美种群及其杂交种。这些资源的收集保存，不仅可为产业的发展提供直接的品种，也为产区开展优新品种的培育研究提供亲本资源。

2010年，国家葡萄产业技术体系贺兰山东麓葡萄综合试验站（现依托单位为宁夏农林科学院种质资源研究所）开始在芦花台建立了葡萄品种资源圃，占地20亩，收集了葡萄品种资源134份；2014年，宁夏林业研究

院（种苗生物工程国家重点实验室）在银川植物园也建立了葡萄品种资源圃，占地40亩，收集保存葡萄品种资源236份。以资源圃为依托，开展了葡萄品种资源的比较筛选等研究工作。

表1-9　宁夏现有葡萄种质资源保存一览表

属	亚属	种群及种间杂种		种（变种）	品种或类型份数
葡萄属	真葡萄亚属	欧亚种群	欧亚种	*V.vinifera*	195
		东亚种群	山葡萄	*Vitis amurensis*	1
			毛葡萄	*Vitis quinquangularis*	1
			刺葡萄	*Vitis davidii*	1
			蘡薁葡萄	*Vitis bryoniaefolia*	1
			燕山葡萄	*Vitis yeshanensis*	1
			复叶葡萄	*Vitis piasezkii*	1
		北美种群	河岸葡萄	*Vitis riparis*	1
			美洲葡萄	*Vitis labrusca*	1
			沙地葡萄	*Vitis rupestris*	1
			甜冬葡萄	*Vitis cinerea*	1
		杂交群体	欧美杂种		20
			欧山杂种		6
			北美杂种		16
			其他杂交优系		68

表1-10 宁夏现有葡萄资源目录

序号	种群	名称	保存单位	英文名/拉丁名	来源
1		阿尔金	塞上江南酒庄	Arguim	郑州果树所
2		阿里高特	宁夏农垦玉泉营苗木繁育有限公司等	Aligaote	法国
3		阿列尼	宁夏农林科学院种质资源所等	Areni	郑州果树所
4		艾布林	宁夏农林科学院种质资源所等	Elbing	郑州果树所
5		爱格丽	宁夏林业研究院等	Ecolly	郑州果树所
6		埃兰菲舍尔	宁夏农林科学院种质资源所等	Ehrenfelser	郑州果树所
7		爱神玫瑰	宁夏农林科学院种质资源所等	Aishen Meigui	北京市林果所
8	欧亚种	奥古斯特	宁夏林业研究院等	Augusta	宁夏
9		奥利永	宁夏农林科学院种质资源所等	Orion	郑州果树所
10		白公主	宁夏农林科学院种质资源研究所	Feteasca Regala	罗马尼亚
11		白姑娘	宁夏农林科学院种质资源研究所	Feteasca Alba	罗马尼亚
12		白沙斯拉	塞上江南酒庄	Chasselas Blanc	郑州果树所
13		白诗南	宁夏农林科学院种质资源所等	Chenin Blanc	宁夏
14		白玉霓	宁夏农科院种质资源所等	Ugni Blanc	宁夏
15		宝石解百纳	宁夏农林科学院种质资源所等	Ruby Cabernet	山西果树所
16		碧香无核	宁夏农林科学院种质资源所等	Bixiang Wuhe	河北
17		长相思	宁夏农林科学院种质资源所等	Sauvignon Blanc	宁夏

序号	种群	名称	保存单位	英文名/拉丁名	来源
18		赤霞珠169	宁夏农林科学院种质资源所等	Cabernet Sauvignon	法国
19		赤霞珠15	宁夏农林科学院种质资源所等	Cabernet Sauvignon	志昌葡萄研究所
20		赤霞珠33	宁夏农林科学院种质资源所等	Cabernet Sauvignon	志昌葡萄研究所
21		赤霞珠170	宁夏农林科学院种质资源所等	Cabernet Sauvignon	法国
22		赤霞珠685	宁夏农林科学院种质资源所等	Cabernet Sauvignon	中国农业大学
23		赤霞珠 ISV–FV5	宁夏农林科学院种质资源所等	Cabernet Sauvignon	郑州果树所
24	欧亚种	赤霞珠405	宁夏农垦实业有限公司葡萄苗木分公司	Cabernet Sauvignon	法国
25		赤霞珠412	宁夏农垦实业有限公司葡萄苗木分公司	Cabernet Sauvignon	法国
26		赤霞珠 R5	宁夏农林科学院种质资源所等	Cabernet Sauvignon	志昌葡萄研究所
27		大青	宁夏农林科学院种质资源所等	Daqing	宁夏
28		德引84-4	宁夏农林科学院种质资源所等	Deyin 84-4	郑州果树所
29		德引84–5	宁夏农林科学院种质资源所等	Deyin 84–5	郑州果树所
30		法国蓝	宁夏林业研究院等	Blue French	山西果树所

序号	种群	名称	保存单位	英文名/拉丁名	来源
31		歌海娜	宁夏农林科学院种质资源所等	Grenache	郑州果树所
32		公主白	宁夏农林科学院种质资源所等	Gongzhubai	东北
33		贵人香	宁夏农林科学院种质资源所等	Italian Riesling	宁夏
34		寒香蜜	宁夏农林科学院种质资源所等	Hanxiangmi	志昌葡萄研究所
35		黑芭拉多	宁夏农林科学院种质资源所等	Heibaladuo	山东
36	欧亚种	黑比诺115	宁夏农林科学院种质资源所等	Pinot Noir	山西果树所
37		黑比诺667	宁夏农林科学院种质资源所等	Pinot Noir	山西果树所
38		黑比诺459	宁夏农林科学院种质资源所等	Pinot Noir	法国
39		黑比诺292	宁夏农垦实业有限公司葡萄苗木分公司	Pinot Noir	法国
40		黑比诺777	宁夏农垦实业有限公司葡萄苗木分公司	Pinot Noir	法国
41		黑比诺924	宁夏成功红葡萄酒产业有限公司	Pinot Noir	法国
42		黑比诺927	宁夏成功红葡萄酒产业有限公司	Pinot Noir	法国

序号	种群	名称	保存单位	英文名/拉丁名	来源
43		黑比诺943	宁夏成功红葡萄酒产业有限公司	Pinot Noir	法国
44		黑曼道克	宁夏农林科学院种质资源所等	Medoc Noir	郑州果树所
45		黑王	宁夏农林科学院种质资源所等	Heiwang	山东
46		红芭拉多	宁夏农林科学院种质资源所等	Benibarad	河北
47		红地球	宁夏农林科学院种质资源所等	Red Globe	宁夏
48	欧亚种	红十月	宁夏林业研究院等	Hongshiyue	宁夏
49		火焰无核	宁夏农林科学院种质资源所等	Flame Seedless	河北
50		火州红玉	宁夏农林科学院种质资源所等	Huozhou Hongwang	新疆瓜果中心
51		火州紫玉	宁夏农林科学院种质资源所等	Huozhou ziwang	新疆瓜果中心
52		火州黑玉	宁夏农林科学院种质资源所等	Huozhou Heiwang	新疆瓜果中心
53		佳丽酿	宁夏林业研究院等	Carignan	宁夏
54		佳美	宁夏农林科学院种质资源所等	Gamay Noir	宁夏

序号	种群	名称	保存单位	英文名/拉丁名	来源
55		金田美指	宁夏林业研究院等	Jintian Meizhi	河北
56		京翠	宁夏林业研究院等	Jingcui	中国科学院植物所
57		京蜜	宁夏林业研究院等	Jingmi	中国科学院植物所
58		京香玉	宁夏林业研究院等	Jingxiangyu	中国科学院植物所
59		京艳	宁夏林业研究院等	Jingyan	中国科学院植物所
60	欧亚种	酒神	宁夏农林科学院种质资源所等	Bacchus	郑州果树所
61		雷司令49	宁夏农林科学院种质资源所等	Riesling	山西果树所
62		雷司令237	宁夏农林科学院种质资源所等	Riesling	山西果树所
63		丽红宝	宁夏农林科学院种质资源所等	Lihongbao	山西果树所
64		里扎马特	宁夏农林科学院种质资源所等	Rizamat	宁夏
65		六月紫	宁夏农林科学院种质资源所等	Liuyuezi	河北
66		马尔贝克598	宁夏欣欣向荣苗木有限公司等	Malbec	法国

序号	种群	名称	保存单位	英文名/拉丁名	来源
67		马瑟兰980	宁夏农林科学院种质资源所等	Marselan	法国
68		马瑟兰1080	同心县金垚育种科技有限公司	Marselan	法国
69		玫瑰香	宁夏农林科学院种质资源所等	Muscat Hamburg	宁夏
70		媚丽	塞上江南酒庄	Meili	西北农林科技大学
71		莫丽莎	宁夏农林科学院种质资源所等	Melissa Seedless	山东
72	欧亚种	美人指	宁夏林业研究院等	Manicure Finger	山东
73		梅鹿辄181	宁夏农林科学院种质资源所等	Merlot	志昌葡萄研究所
74		梅鹿辄182	宁夏农林科学院种质资源所等	Merlot	志昌葡萄研究所
75		梅鹿辄346	宁夏欣欣向荣苗木有限公司等	Merlot	法国
76		梅鹿辄347	宁夏农林科学院种质资源所等	Merlot	志昌葡萄研究所
77		梅鹿辄348	宁夏欣欣向荣苗木有限公司等	Merlot	法国
78		梅鹿辄343	宁夏农垦实业有限公司葡萄苗木分公司	Merlot	法国

续表

序号	种群	名称	保存单位	英文名/拉丁名	来源
79		梅鹿辄519	宁夏农垦实业有限公司葡萄苗木分公司等	Merlot	法国
80		梅鹿辄ISV-FV4	宁夏农林科学院种质资源所等	Merlot	郑州果树所
81		牛奶	宁夏农林科学院种质资源所等	Niunai	河北
82		品丽珠214	宁夏农林科学院种质资源所等	Cabernet Franc	志昌葡萄研究所
83		品丽珠215	宁夏欣欣向荣苗木有限公司等	Cabernet Franc	法国
84	欧亚种	品丽珠623	宁夏欣欣向荣苗木有限公司等	Cabernet Franc	法国
85		品丽珠678	宁夏成功红葡萄酒产业有限公司	Cabernet Franc	法国
86		品丽珠327	宁夏农林科学院种质资源所等	Cabernet Franc	法国
87		琼瑶浆	宁夏农林科学院种质资源所等	Roter Traminer	郑州果树所
88		秋红宝	宁夏农林科学院种质资源所等	Qiuhongbao	山西果树所
89		瑞都脆霞	宁夏农林科学院种质资源所等	Ruidu Cuixia	北京市林果所
90		瑞都无核怡	宁夏农林科学院种质资源所等	Ruidu Wuheyi	北京市林果所

续表

序号	种群	名称	保存单位	英文名/拉丁名	来源
91		瑞都香玉	宁夏农林科学院种质资源所等	Ruidu Xiangyu	北京市林果所
92		桑娇维塞	宁夏农林科学院种质资源所等	Sangiovese	郑州果树所
93		蛇龙珠	宁夏农林科学院种质资源所等	Cabernet Gernischet	宁夏
94		圣诞玫瑰	宁夏林业研究院等	Christmas Seedless	山东
95		沈农金皇后	宁夏农林科学院种质资源所等	Shennong Jinhuanghou	沈阳农业大学
96	欧亚种	神索	宁夏林业研究院等	Cinsault	宁夏
97		矢富罗莎	宁夏林业研究院等	Yatomi Rosa	河北
98		泰姆比罗	宁夏农林科学院种质资源所等	Tempranillo	志昌葡萄研究所
99		汤姆逊无核	宁夏农林科学院种质资源所等	Thompson Seedless	宁夏
100		甜蜜蓝宝石	宁夏农林科学院种质资源所等	Sweet Sapphire	中国科学院植物所
101		维多利亚	宁夏农林科学院种质资源所等	Victoria	宁夏
102		魏可	宁夏林业研究院等	Wink	河北

序号	种群	名称	保存单位	英文名/拉丁名	来源
103		维欧尼642	宁夏农林科学院种质资源所等	Viognier	山西果树所
104		维欧尼1042	宁夏欣欣向荣苗木有限公司等	Viognier	法国
105		无核翠宝	宁夏农林科学院种质资源所等	Wuhe Cuibao	山西果树所
106		无核白鸡心	宁夏农林科学院种质资源所等	Centennial Seedless	宁夏
107		西拉100	宁夏农林科学院种质资源所等	Syrah	中国农业大学
108	欧亚种	西拉470	宁夏农林科学院种质资源所等	Syrah	法国
109		西拉877	宁夏农垦实业有限公司葡萄苗木分公司	Syrah	甘肃
110		西尔瓦	宁夏农林科学院种质资源所等	Silva	郑州果树所
111		夏至红	宁夏农林科学院种质资源所等	Xiazhihong	郑州果树所
112		霞多丽95	宁夏农林科学院种质资源所等	Chardonnay	中国农业大学
113		霞多丽124	宁夏欣欣向荣苗木有限公司等	Chardonnay	法国
114		霞多丽131	宁夏欣欣向荣苗木有限公司等	Chardonnay	法国

续表

序号	种群	名称	保存单位	英文名/拉丁名	来源
115		香妃	宁夏农林科学院种质资源所等	Xiangfei	河北
116		小芒森	宁夏农林科学院种质资源所等	Petit Manscng	志昌葡萄研究所
117		小味儿多1058	宁夏欣欣向荣苗木有限公司等	Petit Verdot	法国
118		小白玫瑰455	宁夏农林科学院种质资源所等	Muscat Blanc	山西果树所
119		小白玫瑰826	宁夏农林科学院种质资源所等	Muscat Blanc	山西果树所
120	欧亚种	小红玫瑰	宁夏农林科学院种质资源所等	Muscate rouge	山西果树所
121		新郁	宁夏农林科学院种质资源所等	Xinyu	新疆瓜果中心
122		烟73	宁夏农林科学院种质资源所等	Yan 73	志昌葡萄研究所
123		乍娜	宁夏农林科学院种质资源所等	Cardinal	宁夏
124		早黑宝	宁夏农林科学院种质资源所等	Zaoheibao	河北
125		早康宝	宁夏农林科学院种质资源所等	Zaokangbao	山西果树所
126		泽香	宁夏农林科学院种质资源所等	Zexiang	山东

续表

序号	种群	名称	保存单位	英文名/拉丁名	来源
127		紫北塞	塞上江南酒庄	Alicante Bouschet	郑州果树所
128		紫大夫	宁夏农林科学院种质资源所等	Dornfelder	山东省志昌葡萄研究所
129		紫甜无核	宁夏农林科学院种质资源所等	Zitian Wuhei	宁夏
130		醉诗仙	宁夏农林科学院种质资源所等	Terolidego	郑州果树所
131		Achkikizh	宁夏林业研究院	Achkikizh	格鲁吉亚
132	欧亚种	Adanasuri	宁夏林业研究院	Adanasuri	格鲁吉亚
133		Aleksandrouli	宁夏林业研究院	Aleksandrouli	格鲁吉亚
134		Banakharuli	宁夏林业研究院	Banakharuli	格鲁吉亚
135		Batomura	宁夏林业研究院	Batomura	格鲁吉亚
136		Bazaleturi Colikouru	宁夏林业研究院	Bazaleturi Colikouru	格鲁吉亚
137		Becoura	宁夏林业研究院	Becoura	格鲁吉亚
138		Budeshuri Tetri	宁夏林业研究院	Budeshuri Tetri	格鲁吉亚

序号	种群	名称	保存单位	英文名/拉丁名	来源
139		Buza	宁夏林业研究院	Buza	格鲁吉亚
140		Chekobali	宁夏林业研究院	Chekobali	格鲁吉亚
141		Chinuri	宁夏林业研究院	Chinuri	格鲁吉亚
142		Chkapa	宁夏林业研究院	Chkapa	格鲁吉亚
143		Chkhikoura	宁夏林业研究院	Chkhikoura	格鲁吉亚
144	欧亚种	Chvitiluri	宁夏林业研究院	Chvitiluri	格鲁吉亚
145		Ckhvedianis Tetra	宁夏林业研究院	Ckhvedianis Tetra	格鲁吉亚
146		Dondghlabi	宁夏林业研究院	Dondghlabi	格鲁吉亚
147		Ghrubela Kakhuri	宁夏林业研究院	Ghrubela Kakhuri	格鲁吉亚
148		Goruli Mstvane	宁夏林业研究院	Goruli Mstvane	格鲁吉亚
149		Gvinis Tsiteli	宁夏林业研究院	Gvinis Tsiteli	格鲁吉亚
150		Ingilouri	宁夏林业研究院	Ingilouri	格鲁吉亚

续表

序号	种群	名称	保存单位	英文名/拉丁名	来源
151		Institutis Grdzelmtevana	宁夏林业研究院	Institutis Grdzelmtevana	格鲁吉亚
152		Jineshi	宁夏林业研究院	Jineshi	格鲁吉亚
153		Jvari	宁夏林业研究院	Jvari	格鲁吉亚
154		Kablstohl	宁夏林业研究院	Kablstohl	格鲁吉亚
155		Kakhis Tetri	宁夏林业研究院	Kakhis Tetri	格鲁吉亚
156	欧亚种	Kamuri Shavi	宁夏林业研究院	Kamuri Shavi	格鲁吉亚
157		Kamuri Tetri	宁夏林业研究院	Kamuri Tetri	格鲁吉亚
158		Kapistoni Tetri	宁夏林业研究院	Kapistoni Tetri	格鲁吉亚
159		Kharistvala Qartlis	宁夏林业研究院	Kharistvala Qartlis	格鲁吉亚
160		Khemkhu Shavi	宁夏林业研究院	Khemkhu Shavi	格鲁吉亚
161		Khikhvi	宁夏林业研究院	Khikhvi	格鲁吉亚
162		Khushia	宁夏林业研究院	Khushia	格鲁吉亚

序号	种群	名称	保存单位	英文名/拉丁名	来源
163		Kisi	宁夏林业研究院	Kisi	格鲁吉亚
164		Krakhuna	宁夏林业研究院	Krakhuna	格鲁吉亚
165		Kundza	宁夏林业研究院	Kundza	格鲁吉亚
166		Kurkena	宁夏林业研究院	Kurkena	格鲁吉亚
167		Lakvazh	宁夏林业研究院	Lakvazh	格鲁吉亚
168	欧亚种	Mcvane Kviteli	宁夏林业研究院	Mcvane Kviteli	格鲁吉亚
169		Mcvivani Kakhuri	宁夏林业研究院	Mcvivani Kakhuri	格鲁吉亚
170		Mcvivani Rachuli	宁夏林业研究院	Mcvivani Rachuli	格鲁吉亚
171		Meskhuri Kharistvala	宁夏林业研究院	Meskhuri Kharistvala	格鲁吉亚
172		Mgaloblishvili	宁夏林业研究院	Mgaloblishvili	格鲁吉亚
173		Mtsvane Kakhuri	宁夏林业研究院	Mtsvane Kakhuri	格鲁吉亚
174		Mujuretuli	宁夏林业研究院	Mujuretuli	格鲁吉亚

序号	种群	名称	保存单位	英文名/拉丁名	来源
175		Ockhanuri Sapere	宁夏林业研究院	Ockhanuri Sapere	格鲁吉亚
176		Qisi	宁夏林业研究院	Qisi	格鲁吉亚
177		Ojaleshi	宁夏林业研究院	Ojaleshi	格鲁吉亚
178		Qvelouri	宁夏林业研究院	Qvelouri	格鲁吉亚
179		Rkatsiteli	宁夏林业研究院	Rkatsiteli	格鲁吉亚
180	欧亚种	Rqatsiteli Vardisperi	宁夏林业研究院	Rqatsiteli Vardisperi	格鲁吉亚
181		Sakmiela	宁夏林业研究院	Sakmiela	格鲁吉亚
182		Saperavi	宁夏林业研究院	Saperavi	格鲁吉亚
183		Satsuri	宁夏林业研究院	Satsuri	格鲁吉亚
184		Shaba	宁夏林业研究院	Shaba	格鲁吉亚
185		Shai Rqatsiteli	宁夏林业研究院	Shai Rqatsiteli	格鲁吉亚
186		Simonaseuli	宁夏林业研究院	Simonaseuli	格鲁吉亚

续表

序号	种群	名称	保存单位	英文名/拉丁名	来源
187		Skhilatubani	宁夏林业研究院	Skhilatubani	格鲁吉亚
188		Supris Gorula	宁夏林业研究院	Supris Gorula	格鲁吉亚
189		Tita Qartluri	宁夏林业研究院	Tita Qartluri	格鲁吉亚
190		Tsiteli Budeshuri	宁夏林业研究院	Tsiteli Budeshuri	格鲁吉亚
191	欧亚种	Tsitska	宁夏林业研究院	Tsitska	格鲁吉亚
192		Tsolikouri	宁夏林业研究院	Tsolikouri	格鲁吉亚
193		Tsulukidzis Tetra	宁夏林业研究院	Tsulukidzis Tetra	格鲁吉亚
194		Wakutvneuli	宁夏林业研究院	Wakutvneuli	格鲁吉亚
195		Zakatalis Tetri	宁夏林业研究院	Zakatalis Tetri	格鲁吉亚
196		贵妃玫瑰	宁夏农林科学院种质资源所等	Guifei Meigui	山东酿酒葡萄科学研究所
197	欧美杂种	海布里弗兰克	宁夏农林科学院种质资源所等	Hybrid Franc	郑州果树所
198		峰后	宁夏农林科学院种质资源所等	Fenghou	北京市林果所

续表

序号	种群	名称	保存单位	英文名/拉丁名	来源
199		弗卡	宁夏林业研究院	Fercal	中国科学院植物所
200		户太八号	宁夏农林科学院种质资源所等	Huitai No.8	山东
201		金手指	宁夏林业研究院等	Gold Finger	河北
202		巨玫瑰	宁夏林业研究院等	Jumeigui	河北
203		卡托巴	宁夏林业研究院	Catawba	美国
204	欧美杂种	摩尔多瓦	宁夏林业研究院等	Moldova	河北
205		诺尔盾	宁夏林业研究院	Norton	美国
206		瑞峰无核	宁夏农林科学院种质资源所等	Ruifeng Wuhe	北京市林果所
207		威代尔	宁夏林业研究院	Vidal Blanc	美国
208		夏博森	宁夏林业研究院	Chambourcin	美国
209		夏黑	宁夏林业研究院等	Summer Black	河北
210		阳光玫瑰	宁夏林业研究院等	Shine Muscat	河北

序号	种群	名称	保存单位	英文名/拉丁名	来源
211	欧美杂种	醉金香	宁夏林业研究院等	Zuijinxiang	河北
212		醉人香	宁夏农林科学院种质资源所等	Zuirenxiang	甘肃林果花卉所
213		Cayuga White	宁夏林业研究院	Cayuga White	美国
214		Traminette	宁夏林业研究院	Traminette	美国
215		41B	宁夏林业研究院	41B Millardet and de Grasset	中国科学院植物所
216	欧山杂种	北冰红	宁夏林业研究院等	Beibinhong	中国农科院特产所
217		北红	宁夏林业研究院等	Beihong	中国科学院植物所
218		北玫	宁夏林业研究院等	Beimei	中国科学院植物所
219		北玺	宁夏林业研究院等	Beixi	中国科学院植物所
220		北馨	宁夏林业研究院等	Beixing	中国科学院植物所
221		新北醇	宁夏林业研究院等	Xinbeichun	中国科学院植物所
222	美洲杂种	贝达	宁夏林业研究院等	Beta	志昌葡萄研究所

续表

序号	种群	名称	保存单位	英文名/拉丁名	来源
223		弗里多姆	宁夏农林科学院种质资源所等	Freedom	郑州果树所
224		抗砧3号	宁夏农林科学院种质资源所等	Kangzhen No.3	郑州果树所
225		洛特	宁夏农林科学院种质资源所等	Rupest du lot	中国科学院植物研究所
226		SO4	宁夏林业研究院等	Selection Oppenheim No.4	昌黎果树所
227		101-14MG	宁夏农林科学院种质资源所等	101-14 Millardet	昌黎果树所
228	美洲杂种	110R	宁夏林业研究院等	110 Richter	志昌葡萄研究所
229		140R	宁夏林业研究院等	140 Ruggeri	志昌葡萄研究所
230		1103P	宁夏林业研究院等	1103 Paulsen	志昌葡萄研究所
231		225Ru	宁夏农林科学院种质资源所等	225 Ruggeri	郑州果树所
232		3309C	宁夏林业研究院等	3309 Couderc	志昌葡萄研究所
233		420A	宁夏林业研究院等	420A Millarder et de Grasset	郑州果树所
234		5BB	宁夏林业研究院等	5BB Selection Kober	昌黎果树所

序号	种群	名称	保存单位	英文名/拉丁名	来源
235	美洲杂种	5C	宁夏林业研究院等	5C Teleki	郑州果树所
236		775P	宁夏农林科学院种质资源所等	775 Paulsen	郑州果树所
237		99R	宁夏林业研究院等	99 Richter	中国科学院植物研究所
238	东亚种群	刺葡萄	宁夏林业研究院	Vitis davidii	中国科学院植物研究所
239		复叶葡萄	宁夏林业研究院	Vitis piasezkii	中国科学院植物研究所
240		毛葡萄	宁夏林业研究院	Vitis quinquangularis	中国科学院植物研究所
241		山葡萄	宁夏林业研究院	Vitis amurensis	中国科学院植物研究所
242		燕山葡萄	宁夏林业研究院	Vitis yeshanensis	中国科学院植物研究所
243		蘡薁葡萄	宁夏林业研究院	Vitis bryoniaefolia	中国科学院植物研究所
244	北美种群	河岸葡萄	宁夏林业研究院	Vitis riparis	中国科学院植物研究所
245		美洲葡萄	宁夏林业研究院	Vitis labrusca	中国科学院植物研究所

序号	种群	名称	保存单位	英文名/拉丁名	来源
246	北美种群	沙地葡萄	宁夏林业研究院	Vitis rupestris	中国科学院植物研究所
247		甜冬葡萄	宁夏林业研究院	Vitis cinerea	中国科学院植物研究所

第二章
品种资源篇

由于国内葡萄主要栽培品种在很多关于葡萄品种的书中均有介绍，因此，本书重点介绍一些近几年宁夏新引进的葡萄栽培品种和野生种。

一、宁夏新引葡萄栽培品种

（一）Cayuga White

Cayuga White，欧美杂种，是原产于美国的白色酿酒葡萄品种。该品种于1945年在美国康奈尔大学用 Seyval Blanc 和 Schuyle 杂交培育而成。Cayuga 的名字来自它当年培育的产区纽约州的 Cayuga Lake，它直到1972年才对外公布并用于商业种植。目前该品种主要种植在美国东北部地区，虽然该品种不像美国东部的一些耐寒品种的耐寒能力那么强，但它比较适合种植在冷凉的地区，因为冷凉地区能使它保留足够的酸度，以平衡它很高的糖分。另外在冷凉地区它遗传的美洲种葡萄的狐臭味很轻微。该品种具有较强的霜霉病抗性。

该品种的植物学特性表现为：新梢梢尖形态闭合，梢尖绒毛着色极浅，梢尖匍匐绒毛密，新梢直立，新梢卷须间断分布，新梢节间腹侧和背侧颜色绿；幼叶表面黄绿，有光泽，下表面绒毛疏；成龄叶叶型单叶，叶片形状心脏形，叶片表面绿色，叶片三裂，上裂刻极浅，叶柄洼闭合，叶柄洼基部"V"形，主裂片锯齿为双侧凸，较钝，上表面泡状凸起中，叶柄长

9.0 cm 左右，中脉长 15.5 cm 左右，叶片宽 18.0 cm 左右，叶面积为 279.0 cm²左右；成熟枝条表面形状为条纹状，颜色为红褐色，横截面形状为椭圆形。

该品种在宁夏银川地区试种后表现为：4月中下旬萌芽，5月下旬至6月初开花，9月上中旬浆果成熟，从萌芽至果实完全成熟 153 d 左右；果穗圆柱形，无副穗，果穗较松散，平均果穗长度 11.20 cm，平均果穗宽度 6.80 cm，平均单穗重 107.32 g；果粒近圆形，果粒纵径 16.39 mm，横径 15.27 mm，平均单粒重 2.56 g，果实可溶性固形物含量为 24.6 %。

图2-1　新梢

图2-2　幼叶正面

图2-3　幼叶背面

图2-4　成龄叶正面

图2-5　成龄叶背面

图2-6　果穗

（二）Chekobali

Chekobali，欧亚种，格鲁吉亚栽培的白色品种。该品种耐寒性差，但高抗霜霉病。

该品种的植物学特性表现为：新梢梢尖形态闭合，梢尖绒毛着色浅，梢尖匍匐绒毛密，新梢半直立，新梢卷须间断分布，新梢节间腹侧绿色，背侧红色；幼叶表面颜色黄绿色，有光泽，下表面绒毛密；成龄叶叶型单叶，叶片形状五角形，叶片表面深绿色，叶片五裂，上裂刻极浅，叶柄洼半开张，叶柄洼基部"V"形，主裂片锯齿为双侧凸，较钝，上表面泡状凸起中；叶柄长8.5 cm左右；中脉长13.7 cm左右，叶片宽21.0 cm左右，叶面积为287.7 cm²左右；成熟枝条表面形状为条纹，表面颜色为红褐色，横截面形状为近圆形。

该品种在宁夏银川地区试种后表现为：4月中下旬萌芽，5月下旬至6月初开花，9月中旬浆果成熟，从萌芽至果实完全成熟152 d左右；果穗圆

柱形，无歧肩，无副穗，果穗着生紧密，平均果穗长度10.6 cm，平均果穗宽度7.2 cm，平均单穗重101.22 g；果粒圆形，果粒纵径15.47 mm，横径15.31 mm，平均单粒重2.36 g，果实可溶性固形物平均含量为22.06%。

图2-8　幼叶正面　　　　图2-9　幼叶背面

图2-7　新稍

图2-10　成龄叶正面　　　　图2-11　成龄叶背面

图2-12　果穗

（三）Chinuri

Chinuri是格鲁吉亚的一种古老白葡萄品种，该品种在格鲁吉亚卡尔特里（Kartli）地区有广泛种植，易感病、抗寒性较差。

该品种的植物学特性表现为：新梢梢尖形态闭合，梢尖绒毛着色无，梢尖绒毛密，新梢直立，新梢卷须间断分布，新梢节间腹侧绿色，背侧红色；幼叶表面颜色酒红色，有光泽，下表面无绒毛；成龄叶叶型单叶，叶片形状五角形，叶片表面绿色，叶片五裂，上裂刻度深，轻度重叠，上裂刻基部"V"形；叶柄洼轻度重叠，叶柄洼基部"V"形，叶柄洼有锯齿；主裂片的锯齿双侧凸与双侧直皆有，上表面泡状凸起中；叶柄长9.2 cm左右，中脉长12.0 cm左右，叶片宽17.2 cm左右，叶面积为206.4 cm^{2}左右；成熟枝条表面形状为条纹，表面颜色为红褐色，横截面形状为椭圆形。

该品种在宁夏银川地区试种后表现为：4月中下旬萌芽，5月下旬开花，9月下旬浆果成熟，从萌芽至果实完全成熟157 d左右；果穗圆柱或圆锥形，

无歧肩，无副穗，果穗着生紧密度中等，平均果穗长度19.6 cm，平均果穗宽度7.2 cm，平均单穗重334.28 g；果粒近圆形，果粒纵径18.58 mm，横径17.85 mm，平均单粒重4.00 g，果实可溶性固形物平均含量为21.76%。

Chinuri酿制的葡萄酒呈绿色或稻草色，但口感柔顺，也可用于酿制起泡酒。用其酿制葡萄酒具有野生薄荷和梨子的香气。

图2-13　新稍

图2-14　幼叶正面

图2-15　幼叶背面

图2-16　成龄叶正面图

2-17　成龄叶背面

图2-18　果穗

（四）Goruli Mstvane

Goruli Mstvane 是原产于格鲁吉亚的古老白葡萄品种，它主要种植在格鲁吉亚中部的 Kartli 和 Imereti 地区。该品种具有较强的抗病性，耐寒性较差。

该品种的植物学特性表现为：新梢梢尖形态闭合，梢尖绒毛着色浅或无，梢尖绒毛密，新梢直立，新梢卷须间断分布，新梢节间腹侧绿色，背侧黄绿色；幼叶表面颜色黄绿色，有光泽；成龄叶叶型单叶，叶片形状五角形，叶片表面颜色灰绿，七裂，上裂刻深度中，上裂刻闭合，上裂刻基部形状"V"形；叶片上表面泡状凸起浅；叶柄洼轻度开张，叶柄洼基部"V"形，叶柄洼有锯齿；主裂片的锯齿两侧形状为双侧凸，较钝；叶柄长8.5cm左右，中脉长15.0cm左右，叶片宽20.0cm左右，叶面积为300.0cm²左右；成熟枝条表面形状为条纹，表面颜色为红褐色，横截面形状为椭圆形。

该品种在宁夏银川地区试种后表现为：4月中下旬萌芽，5月中下旬开花，9月下旬至10月上旬浆果成熟，从萌芽至果实完全成熟158 d左右；果穗圆锥形，双歧肩，无副穗，果穗着生紧密度中等，平均果穗长度15.2 cm，平均果穗宽度9.0 cm，平均单穗重296.57 g；果粒圆形，果粒纵径16.02 mm，横径16.19 mm，平均单粒重2.62 g，果实可溶性固形物平均含量为22.72 %。

Goruli Mstvane可以用于酿造高档干白葡萄酒、强化葡萄酒和起泡葡萄酒。由其酿制的葡萄酒活泼而令人愉悦，散发出酸橙、野花及春季蜂蜜的香气。与葡萄Chinuri品种混合酿制的起泡酒具有独特的风味品质。

图2-19 新梢

图2-20 幼叶正面

图2-21 幼叶背面

图2-22 成龄叶正面

图2-23 成龄叶背面

图2-24　果穗

（五）Kamuri Tetri

Kamuri Tetri 为欧亚种，是格鲁吉亚的栽培品种。该品种易感霜霉病，不耐寒。

该品种的植物学特性表现为：新梢梢尖形态闭合，梢尖绒毛着色无，梢尖匍匐绒毛密，新梢直立，新梢卷须间断分布，新梢节间腹侧和背侧绿色；幼叶表面颜色黄绿色，有光泽；成龄叶叶型单叶，叶片形状五角形，叶片表面颜色深绿，三裂，上裂刻深度浅，上裂刻开张，上裂刻基部形状"V"形，叶片上表面泡状凸起中；叶柄洼轻度重叠，叶柄洼基部"V"形，叶柄洼有锯齿；主裂片的锯齿两侧形状为双侧凸，较钝；叶柄长9.3 cm左右，中脉长11.8 cm左右，叶片宽15.9 cm左右，叶面积为187.6 cm²左右，成熟枝条表面形状为条纹，表面颜色为红褐色，横截面形状为椭圆形。

该品种在宁夏银川地区试种后表现为：4月中下旬萌芽，5月中下旬开花，9月中下旬浆果成熟，从萌芽至果实完全成熟150 d左右；果穗圆柱

形或圆锥形，无歧肩，无副穗，果穗着生紧密，平均果穗长度11.8 cm，平均果穗宽度9.8 cm，平均单穗重159.23 g；果粒圆形，果粒纵径16.14 mm，横径15.92 mm，平均单粒重2.70 g，果实可溶性固形物平均含量为21.96%。

图2-25　新梢

图2-26　幼叶正面

图2-27　幼叶背面

图2-28　成龄叶正面

图2-29　成龄叶背面

图2-30 果穗

（六）Khikhvi

Khikhvi为欧亚种，格鲁吉亚栽培的白葡萄品种。该品种高抗霜霉病，但耐寒性较差。

该品种的植物学特性表现为：新梢梢尖形态闭合，梢尖绒毛着色浅，梢尖绒毛密，新梢直立，新梢卷须间断分布，新梢节间腹侧绿色，背侧绿带红条带；幼叶表面颜色红棕色，有光泽；成龄叶叶型单叶，叶片形状五角形，叶片表面颜色绿色，三裂，上裂刻深度浅，上裂刻开张，上裂刻基部形状V形，上表面泡状凸起浅；叶柄洼闭合，叶柄洼基部"V"形，叶柄洼有锯齿；主裂片的锯齿两侧形状为双侧凸，较钝；叶柄长9.0 cm左右，中脉长14.0 cm左右，叶片宽18.0 cm左右，叶面积为252.0 cm²左右；成熟枝条表面形状为条纹，表面颜色为红褐色，横截面形状为椭圆形。

该品种在宁夏银川地区试种后表现为：4月中下旬萌芽，5月中下旬开花，9月中下旬浆果成熟，从萌芽至果实完全成熟156 d左右；果穗圆锥形，单歧肩，无副穗，果穗着生松散，平均果穗长度11.2 cm，平均果穗宽度7.4 cm，平均单穗重83.83 g；果粒近圆形，果粒纵径15.28 mm，横径14.64 mm，平均单粒重2.26 g，果实可溶性固形物平均含量为24.08 %。

　　Khikhvi 可以酿造欧洲经典风格葡萄酒和传统卡赫基 Qvevri 陶罐葡萄酒。Khikhvi 酿制的欧洲风格葡萄酒，具有显著的异域植物清香，如黄杨树，而由其酿制的传统卡赫基（Kakheti）葡萄酒则会散发出成熟的水果香气或黄色干果香气。

图2-31　新梢

图2-32　幼叶正面

图2-33　幼叶背面

图2-34　成龄叶正面

图2-35　成龄叶背面

图2-36 果穗

（七）Kisi

Kisi 为欧亚种，格鲁吉亚东部本土白葡萄品种。主要种植在格鲁吉亚特拉维（Telavi）、科瓦雷利（Kvareli）和阿赫麦塔（Akhmeta），其中阿赫麦塔（Akhmeta）地区马赫拉尼（Maghraani）村庄种植最多。该品种对霜霉病具有一定的抗性，但耐寒性较差。

该品种的植物学特性表现为：新梢梢尖形态闭合，梢尖绒毛着色无，梢尖绒毛密，新梢直立，新梢卷须间断分布，新梢节间腹侧和背侧绿色；幼叶表面颜色黄绿，有光泽；成龄叶叶型单叶，叶片形状五角形，叶片表面颜色绿色，五裂，上裂刻深度浅，上裂刻开张，上裂刻基部形状"V"形，上表面泡状凸起无；叶柄洼开张，叶柄洼基部"U"形，叶柄洼无锯齿；主裂片的锯齿两侧形状为双侧凸；叶柄长7.2 cm左右，中脉长9.6 cm左右，叶片宽13.0 cm左右，叶面积为124.8 cm²左右；成熟枝条表面形状为条纹，表面颜色为红褐色，横截面形状为椭圆形。

该品种在宁夏银川地区试种后表现为：4月中下旬萌芽，5月中下旬开花，9月下旬浆果成熟，从萌芽至果实完全成熟156 d左右；果穗圆柱形或圆锥形，无歧肩，有副穗，果穗着生松散，平均果穗长度15.8 cm，平均果穗宽度11.0 cm，平均单穗重184.65 g；果粒近圆形，果粒纵径14.93 mm，横径13.98 mm，平均单粒重1.87 g，果实可溶性固形物平均含量为23.96%。

Kisi酿造的欧洲风格葡萄酒和传统卡赫基Qvevri陶罐葡萄酒具有优良的口感和香气，令人难以忘怀。采用Kisi酿造的传统卡赫基（Kakheti）葡萄酒兼具成熟梨子、法国万寿菊、烟草及胡桃的香气。

图2-37 新梢

图2-38 幼叶正面

图2-39 幼叶背面

图2-40 成龄叶正面

图 2-41 成龄叶背面

图2-42　果穗

（八）Krakhuna

Krakhuna 为欧亚种，是原产于格鲁吉亚的古老的白葡萄品种，它主要种植于格鲁吉亚伊梅列季（Imereti）地区。该品种不抗霜霉病，耐寒性较差。

该品种的植物学特性表现为：新梢梢尖形态闭合，梢尖绒毛着色浅，梢尖匍匐绒毛密，新梢半直立，新梢卷须间断分布，新梢节间腹侧和背侧均为绿色；幼叶表面颜黄绿，有光泽；成龄叶叶型单叶，叶片形状心脏形，三裂，上裂刻深度极浅，上裂刻开张，上裂刻基部形状"V"形，叶片上表面泡状凸起浅；叶柄洼半开张，叶柄洼基部"V"形，叶柄洼无锯齿；主裂片的锯齿两侧形状为双侧凸，较钝；叶柄长7.7 cm左右，中脉长11.7 cm左右，叶片宽15.3 cm左右，叶面积为179.0 cm²左右；成熟枝条表面形状为条纹，表面颜色为红褐色，横截面形状为椭圆形。

该品种在宁夏银川地区试种后表现为：4月中下旬萌芽，5月中下旬开花，9月中下旬浆果成熟，从萌芽至果实完全成熟151 d左右；果穗圆柱形，

无歧肩，有副穗，果穗着生紧密度中等，平均果穗长度12.0 cm，平均果穗宽度9.7 cm，平均单穗重169.05 g；果粒椭圆形，果粒纵径17.44 mm，横径15.98 mm，平均单粒重2.97 g，果实可溶性固形物平均含量为25.02 %。

Krakhuna葡萄酒酒精度高，呈现出带有金色阳光色调的麦秆色，具有成熟水果（如杏、香蕉等）和蜂蜜的香气。

图2-43 新梢

图2-44 幼叶正面

图2-45 幼叶背面

图2-46 成龄叶正面

图 2-47 成龄叶背面

图2-48　果穗

（九）Kundza

Kundza 为欧亚种，是原产于格鲁吉亚西部地区的白葡萄品种，属于古老的格鲁吉亚葡萄品种。该品种高抗霜霉病，具有一定的耐寒性。

该品种的植物学特性表现为：新梢梢尖形态闭合，梢尖绒毛着色无，梢尖绒毛密，新梢直立，新梢卷须间断分布，新梢节间腹侧和背侧均为绿色；幼叶表面颜色黄绿，有光泽；成龄叶叶型单叶，叶片形状心脏形，叶片表面颜色深绿，全缘，叶片上表面泡状凸起浅；叶柄洼开张，叶柄洼基部 V 形，叶柄洼无锯齿；主裂片的锯齿两侧形状为双侧凸，较钝；叶柄长10.0 cm 左右，中脉长13.5 cm 左右，叶片宽20.4 cm 左右，叶面积为275.4 cm² 左右；成熟枝条表面形状为条纹，表面颜色为红褐色，横截面形状为扁椭圆形。

该品种在宁夏银川地区试种后表现为：4月中旬萌芽，5月中下旬开花，9月中下旬浆果成熟，从萌芽至果实完全成熟156 d 左右；果穗圆柱形，无

歧肩，有副穗，果穗着生紧密，平均果穗长度13.2 cm，平均果穗宽度9.0 cm，平均单穗重298.76 g；果粒近圆形，果粒纵径16.96 mm，横径17.97 mm，平均单粒重3.53 g，果实可溶性固形物平均含量为24.02%。

该品种在格鲁吉亚中央伊梅列季（Imereti）地区出品的葡萄品质最好。Kundza酿造单品种葡萄酒和混酿均可，通常混酿搭档是Pkatsiteli，它酿造的白葡萄酒酸度平衡，果香浓郁，具有桃子的香气，馥郁的花香和隐约的矿物质气息。Kundza在加拿大British Columbia地区也有少量种植。

图2-49　新梢

图2-50　幼叶正面

图2-51　幼叶背面

图2-52　成龄叶正面

图2-53　成龄叶背面

图2-54　果穗

（十）Mtsvane Kakhuri

Mtsvane Kakhuri 为欧亚种，格鲁吉亚本土白葡萄品种，格鲁吉亚语意为"卡赫基绿葡萄"。主要在格鲁吉亚马纳维（Manavi）、茨南达利（Tsinandali）、伊卡尔托（Ikalto）、瑞斯皮里（Ruispiri）和阿赫麦塔（Akhmeta）等地种植。该品种抗霜霉病，不耐寒。

该品种的植物学特性表现为：新梢梢尖形态闭合，梢尖绒毛着色无，梢尖匍匐绒毛密，新梢直立，新梢卷须间断分布，新梢节间腹侧绿色，背侧绿带红条带；幼叶表面红棕色，有光泽，下表面匍匐绒毛密；成龄叶叶型单叶，叶片形状五角形，叶片表面绿色，五裂，上裂刻深度极浅，上裂刻开张，上裂刻基部形状"V"形，叶片上表面泡状凸起浅；叶柄洼轻度重叠，叶柄洼基部"V"形，叶柄洼有锯齿；主裂片的锯齿两侧形状为双侧凸，较钝；叶柄长10.5 cm左右，中脉长13.0 cm左右，叶片宽17.5 cm左右，叶面积为227.5 cm²左右；成熟枝条表面形状为条纹，表面颜色为红

褐色，横截面形状为椭圆形。

　　该品种在宁夏银川地区试种后表现为：4月中旬萌芽，5月中下旬开花，9月中旬浆果成熟，从萌芽至果实完全成熟151 d左右；果穗圆锥形，单歧肩，有副穗，果穗着生紧密度中等，平均果穗长度12.4 cm，平均果穗宽度7.0 cm，平均单穗重96.57 g；果粒近圆形，果粒纵径15.36 mm，横径14.06 mm，平均单粒重2.27 g，果实可溶性固形物平均含量为22.92%。

　　Mtsvane Kakhuri可以酿造欧洲经典风格葡萄酒和传统卡赫基Qvevri陶罐葡萄酒，由该品种酿制的葡萄酒具有桃子的香气、果树花香和隐约的矿物质气息。

图2-55　新梢

图2-56　幼叶正面

图2-57　幼叶背面

图2-58　成龄叶正面

图2-59　成龄叶背面

图2-60 果穗

（十一）Rkatsiteli

Rkatsiteli为欧亚种，格鲁吉亚本土代表性白葡萄品种，格鲁吉亚语意为"红色葡萄藤"，即国内所熟知的白羽葡萄，在格鲁吉亚及其他国家很多地方都有种植。该品种抗霜霉病，抗寒性差。

该品种的植物学特性表现为：新梢梢尖形态闭合，梢尖绒毛着色无，梢尖绒毛疏，新梢直立，新梢卷须间断分布，新梢节间腹侧绿色，背侧红色；幼叶表面红棕色，有光泽；成龄叶叶型单叶，叶片形状楔形，叶片表面深绿色，五裂，上裂刻深度中，上裂刻闭合，上裂刻基部形状"U"形，叶片上表面泡状凸起浅；叶柄洼开张，叶柄洼基部形状"U"形，叶柄洼有锯齿；主裂片的锯齿两侧形状为双侧凸；叶柄长12.0 cm左右，中脉长14.0 cm左右，叶片宽17.5 cm左右，叶面积为245.0 cm²左右；成熟枝条表面形状为条纹，表面颜色为红褐色，横截面形状为椭圆形。

该品种在宁夏银川地区试种后表现为：4月中旬萌芽，5月中下旬开花，

9月中旬浆果成熟，从萌芽至果实完全成熟149 d左右；果穗圆柱形，无歧肩，无副穗，果穗着生紧密，平均果穗长度17.2 cm，平均果穗宽度9.6 cm，平均单穗重271.87 g；果粒圆形，果粒纵径15.72 mm，横径15.20 mm，平均单粒重2.37 g，果实可溶性固形物平均含量为23.70%。

　　Rkatsiteli 可以酿造欧洲经典风格葡萄酒和卡赫基（Kakheti）传统 Qvevri 陶罐葡萄酒，包括佐餐酒和法定产区葡萄酒。此外，Rkatsiteli 通常与 Mtsvane Kakhuri 混合酿制葡萄酒。

图2-61　新梢

图2-62　幼叶正面

图2-63　幼叶背面

图2-64　成龄叶正面

图2-65　成龄叶背面

图2-66　果穗

（十二）Sakmiela

Sakmiela为欧亚种，格鲁吉亚古里亚（Guria）地区本土白葡萄品种，曾广泛分布于古里亚（Guria）地区，但现今只有少数几个地方仍在种植。该品种抗霜霉病，抗寒性较差。

该品种的植物学特性表现为：新梢梢尖形态闭合，梢尖绒毛着色浅，梢尖匍匐绒毛密，新梢直立，新梢卷须间断分布，新梢节间腹侧和背侧均为绿色；幼叶表面黄绿，有光泽；成龄叶叶型单叶，叶片形状楔形，叶片表面颜色深绿，三裂，上裂刻深度极浅，上裂刻开张，上裂刻基部形状"V"形，叶片上表面泡状凸起极浅；叶柄洼开张，叶柄洼基部形状"U"形，叶柄洼无锯齿；主裂片的锯齿两侧形状为双侧凸，较钝；叶柄长7.5 cm左右，中脉长11.0 cm左右，叶片宽13.5 cm左右，叶面积为148.5 cm²左右；成熟枝条表面形状为条纹，表面颜色为红褐色，横截面形状为扁椭圆形。

该品种在宁夏银川地区试种后表现为：4月中旬萌芽，5月中下旬开花，

10月上旬浆果成熟，从萌芽至果实完全成熟164 d左右；果穗圆柱形，无歧肩，无副穗，果穗着生紧密度中等，平均果穗长度11.8 cm，平均果穗宽度7.2 cm，平均单穗重125.68 g；果粒圆形，果粒纵径13.31 mm，横径13.08 mm，平均单粒重1.44 g，果实可溶性固形物平均含量为23.94%。

以Sakmiela葡萄酿制的葡萄酒富于悦人异域香气，呈的泛浅绿色调的稻草色。

图2-67　新梢

图2-68　幼叶正面

图2-69　幼叶背面

图2-70　成龄叶正面

图 2-71　成龄叶背面

图2-72　果穗

（十三）Supris Gorula

Supris Gorula 为欧亚种，是格鲁吉亚栽培的白色酿酒葡萄品种。该品种高感霜霉病，耐寒性较强。

该品种的植物学特性表现为：新梢梢尖形态闭合，梢尖绒毛着色浅，梢尖绒毛密度中，新梢直立，新梢卷须间断分布，新梢节间腹侧和背侧均为绿色；幼叶表面红棕色，有光泽；成龄叶叶型单叶，叶片形状五角形，叶片表面深绿，三裂，上裂刻深度深，上裂刻闭合，上裂刻基部形状 U 形，叶片上表面泡状凸起中；叶柄洼轻度重叠，叶柄洼基部形状 V 形，叶柄洼无锯齿；主裂片的锯齿两侧形状为双侧凸，较钝；叶柄长3.5 cm 左右，中脉长10.2 cm 左右，叶片宽15.8 cm 左右，叶面积为161.2 cm² 左右；成熟枝条表面形状为条纹，表面颜色为红褐色，横截面形状为近圆形。

该品种在宁夏银川地区试种后表现为：4月中下旬萌芽，5月中下旬开花，9月下旬至10月上旬浆果成熟，从萌芽至果实完全成熟159 d 左右；

果穗圆柱形，无歧肩，有副穗，果穗着生紧密度中等，平均果穗长度
12.4 cm，平均果穗宽度7.0 cm，平均单穗重159.37 g；果粒近圆形，果粒纵
径16.23 mm，横径15.55 mm，平均单粒重2.66 g，果实可溶性固形物平均
含量为21.34%。

图2-73　新梢

图2-74　幼叶正面　　　　　图2-75　幼叶背面

图2-76　成龄叶正面

图2-77　成龄叶背面

图2-78 果穗

（十四）Tramiuette

Tramiuette 为欧美杂种，是原产于美国的白葡萄品种。它于1965年由 Herb C. Barrett 教授在美国伊利诺伊大学用欧美杂交品种 Joannes Seyve 与德国品种琼瑶浆杂交培育而成。在纽约州康奈尔大学农业试验站葡萄育种基地的生长表现表明：该品种产量高，品质优秀，抗真菌性病害能力强，抗寒性好，具有比父系品种琼瑶浆更优雅成熟的香气特征，1971年起被美国东北部产区广泛的引种。Traminette 用途广泛，它已经被用于生产干白葡萄酒、甜白葡萄酒、起泡酒和冰酒，它表现出良好的酒体厚度和香气的浓郁度。它所酿造的葡萄酒酒体平衡，香气优雅，没有琼瑶浆那么强烈的香气和带有酚醛味的苦涩感，获得了酒商和消费者的喜爱，甚至成为美国印第安纳州的代表性葡萄品种。

该品种的植物学特性表现为：新梢梢尖形态闭合，梢尖绒毛着色无，梢尖绒毛密，新梢直立，新梢卷须间断分布，新梢节间腹侧和背侧均为绿色；幼叶表面颜色黄绿色，有光泽；成龄叶叶型单叶，叶片形状为心脏形，叶片表面颜色绿色，全缘，叶片上表面泡状凸起中；叶柄洼轻度开张，叶柄洼基部形状"V"形；主裂片的锯齿两侧形状为双侧凸；叶柄长8.5 cm左右，中脉长13.7 cm左右，叶片宽21.0 cm左右，叶面积为287.7 cm²左右；成熟枝条表面形状为条纹，表面颜色为红褐色，横截面形状为近圆形。

　　该品种在宁夏银川地区试种后表现为：4月中下旬萌芽，5月中下旬开花，9月上旬浆果成熟，从萌芽至果实完全成熟149 d左右；果穗分枝形，有副穗，果穗着生较松散，平均果穗长度12.04 cm，平均果穗宽度5.46 cm，

图2-79　新梢

图2-80　幼叶正面

图2-81　幼叶背面

图2-82　成龄叶正面

图2-83　成龄叶背面

平均单穗重99.74 g；果粒近圆形，果粒纵径15.02 mm，横径13.91 mm，平均单粒重2.01 g，果实可溶性固形物平均含量为24.46%。

图2-84　果穗

（十五）Tsitska

Tsitska 为欧亚种，格鲁吉亚伊梅列季（Imereti）地区本土白葡萄品种。该品种具有较强的霜霉病抗性，耐寒能力一般。

该品种的植物学特性表现为：新梢梢尖形态闭合，梢尖绒毛着色浅，梢尖绒毛密度中，新梢半直立，新梢卷须间断分布，新梢节间腹侧绿色，背侧绿色带红条带；幼叶表面黄绿色，有光泽；成龄叶叶型单叶，叶片形状五角形，叶片表面绿色，三裂，上裂刻深度浅，上裂刻开张，上裂刻基部形状"V"形，叶片上表面泡状凸起中；叶柄洼半开张，叶柄洼基部形状"V"形，叶柄洼无锯齿；主裂片的锯齿两侧形状为双侧凸；叶柄长3.8 cm左右，中脉长10.7 cm左右，叶片宽12.5 cm左右，叶面积为133.8 cm²左右；成熟枝条表面形状为条纹，表面颜色为红褐色，横截面形状为椭圆形。

该品种在宁夏银川地区试种后表现为：4月中下旬萌芽，5月中下旬开花，9月中下旬浆果成熟，从萌芽至果实完全成熟156 d左右；果穗圆锥形，单歧肩，有副穗，果穗着生紧密，平均果穗长度12.6 cm，平均果穗宽度8.2 cm，平均单穗重169.86 g；果粒近圆形，果粒纵径13.93 mm，横径14.11 mm，平均单粒重1.61 g，果实可溶性固形物平均含量为22.62 %。

该品种酿制的葡萄酒呈泛浅绿色调的麦秆色，散发出草木清香，并伴有淡淡的梨子、柠檬、蜂蜜和甜瓜香气。Tsitska葡萄酒酸度较高，口感清新活泼。

图2-84 新梢

图2-85 幼叶正面

图2-86 幼叶背面

图2-87 成龄叶正面

图2-88 成龄叶背面

图2-89　果穗

（十六）Tsolikouri

Tsolikouri 为欧亚种，格鲁吉亚伊梅列季（Imereti）地区本土白葡萄品种，是格鲁吉亚仅次于 Rkatsiteli 的第二大葡萄品种。除伊梅列季（Imereti）外，Tsolikouri 在拉恰－列其乎米（Racha-Lechkhumi）、古里亚（Guria）、明戈瑞利亚（Mingrelia）、阿卡拉（Achara）和阿布哈兹（Abkhazeti）地区也有种植。该品种对霜霉病的抗性较差，且耐寒性较弱。

　　该品种的植物学特性表现为：新梢梢尖形态半开张，梢尖绒毛着色无，梢尖匍匐绒毛密，新梢直立，新梢卷须间断分布，新梢节间腹侧绿色，背侧绿色红条带；幼叶表面黄绿带红色，有光泽，下表面匍匐绒毛密；成龄叶叶型单叶，叶片形状心脏形，叶片表面绿色，全缘，叶片上表面泡状凸起浅；叶柄洼闭合，叶柄洼基部形状"V"形，叶柄洼无锯齿；主裂片的锯齿两侧形状为双侧凸，叶柄长7.0 cm 左右，中脉长12.3 cm 左右，叶

片宽16.2 cm左右，叶面积为199.3 cm²左右；成熟枝条表面形状为条纹，表面颜色为红褐色，横截面形状为近圆形。

该品种在宁夏银川地区试种后表现为：4月中下旬萌芽，5月中下旬开花，9月上中旬浆果成熟，从萌芽至果实完全成熟150 d左右；果穗圆锥形，单歧肩，有副穗，果穗着生松散，平均果穗长度14.2 cm，平均果穗宽度9.8 cm，平均单穗重232.89 g；果粒圆形，果粒纵径16.67 mm，横径16.98 mm，平均单粒重3.15 g，果实可溶性固形物平均含量为24.32%。

以该品种酿制的葡萄酒呈浅麦秆色，兼具柑橘、白梅、黄色水果（如枇杷）和花的香气，酒体比 Tsolikouri 酿制的葡萄酒更加丰满醇厚。

图2-90　新梢

图2-91　幼叶正面

图2-92　幼叶背面

图2-93　成龄叶正面

图2-94　成龄叶背面

图2-95　果穗

（十七）Tsulukidzis Tetra

Tsulukidzis Tetra 为欧亚种，格鲁吉亚拉洽地区本土白葡萄品种。该品种高感霜霉病，抗寒性较差。

该品种的植物学特性表现为：新梢梢尖形态闭合，梢尖绒毛着色无，梢尖绒毛密，新梢半直立，新梢卷须间断分布，新梢节间腹侧绿色，背侧绿色带红条带；幼叶表面黄绿，有光泽；成龄叶叶型单叶，叶片形状五角形，叶片表面深绿色，五裂，上裂刻深度极深，上裂刻开张，上裂刻基部形状"U"形，叶片上表面泡状凸起极浅；叶柄洼开张，叶柄洼基部形状"U"形，叶柄洼无锯齿；主裂片的锯齿两侧形状为双侧凸；叶柄长13.5 cm左右，中脉长16.5 cm左右，叶片宽20.6 cm左右，叶面积为339.9 cm²左右；成熟枝条表面形状为条纹，表面颜色为红褐色，横截面形状为椭圆形。

该品种在宁夏银川地区试种后表现为：4月中下旬萌芽，5月中下旬开花，9月中上旬浆果成熟，从萌芽至果实完全成熟148 d左右；果穗圆锥形无歧肩，无副穗，果穗着生紧密度中等，平均果穗长度11.6 cm，平均果穗宽度7.6 cm，平均单穗重108.5 g；果粒圆形，果粒纵径16.59 mm，横径15.81 mm，平均单粒重2.40 g，果实可溶性固形物平均含量为23.14%。

由该品种酿制的葡萄酒口感柔顺，具有椴树蜂蜜的香气。

图2-96　新梢

图2-97　幼叶正面　　　　　图2-98　幼叶背面

图2-99　成龄叶正面

图2-100　成龄叶背面

图2-101 果穗

（十八）Aleksandrouli

Aleksandrouli 为欧亚种，是原产于格鲁吉亚的红葡萄品种。该品种被认为是格鲁吉亚最为古老和优秀的品种之一。它是格鲁吉亚官方推荐的葡萄品种之一，在拉恰（Racha）地区有着广泛分布。该品种抗白粉病、霜霉病，耐寒能力强。

该品种的植物学特性表现为：新梢梢尖形态闭合，梢尖绒毛着色浅，梢尖绒毛中，新梢直立，新梢卷须间断分布，新梢节间腹侧绿色，背侧红色；幼叶表面红棕色，有光泽；成龄叶叶型单叶，叶片形状五角形，叶片表面深绿色，三裂，上裂刻深度浅，上裂刻开叠类型轻度重叠，上裂刻基部形状"V"形，叶片上表面泡状突起中；叶柄洼半开张，叶柄洼基部"U"形，叶柄洼无锯齿；主裂片的锯齿两侧形状为双侧凸，较钝；叶柄长9 cm左右，中脉长10 cm左右，叶片宽16.1 cm左右，叶面积为161 cm²左右；成熟枝条表面形状为条纹，表面颜色为红褐色，横截面形状为椭圆形。

该品种在宁夏银川地区试种后表现为：4月中下旬萌芽，5月中下旬开花，9月下旬至10月初浆果成熟，从萌芽至果实完全成熟162d左右；果穗圆柱形，无歧肩，无副穗，果穗着生紧密度中等，平均果穗长度15.4cm，平均果穗宽度8.4cm，平均单穗重143.55g；果粒近圆形，果粒纵径14.53mm，横径13.82mm，平均单粒重2.12g，果实可溶性固形物平均含量为24.32%。

该品种可用来酿造干红或半甜型葡萄酒，口感柔和，散发出覆盆子和黑樱桃的香气。

图2-102　新梢

图2-103　幼叶正面

图2-104　幼叶背面

图2-105　成龄叶正面

图2-106　成龄叶背面

图2-107　果穗

（十九）Danakharuli

Danakharuli 为欧亚种，是格鲁吉亚卡尔特里（Kartli）地区特有的红葡萄品种。该品种对霜霉病具有较强的抗性，耐寒能力一般。

该品种的植物学特性表现为：新梢梢尖形态闭合，梢尖着色较深，梢尖匍匐绒毛无，新梢直立，新梢卷须间断分布，新梢节间腹侧绿色带红条带，背侧红色；幼叶表面黄绿带红，有光泽；成龄叶叶型单叶，叶片形状五角形，叶片表面绿色，五裂，上裂刻深度深，上裂刻开张或轻度重叠，上裂刻基部形状"U"形，叶片上表面泡状凸起极浅；叶柄洼闭合，叶柄洼基部"V"形，叶柄洼有锯齿；主裂片的锯齿两侧形状为双侧凸；叶柄长15.0 cm左右，中脉长12.7 cm左右，叶片宽19.2 cm左右，叶面积为243.8 cm²左右；成熟枝条表面形状为条纹，表面颜色为红褐色，横截面形状为扁椭圆形。

该品种在宁夏银川地区试种后表现为：4月中下旬萌芽，5月中下旬开花，9月下旬浆果成熟，从萌芽至果实完全成熟156 d左右；果穗圆柱形，无歧肩，有副穗，果穗着生紧密度中等，平均果穗长度16.4 cm，平均果穗

宽度10.4cm，平均单穗重242.53g；果粒近圆形，果粒纵径16.60mm，横径15.90mm，平均单粒重2.74g，果实可溶性固形物平均含量为22.02%。

图2-108 新梢

图2-109 幼叶正面

图2-110 幼叶背面

图2-111 成龄叶正面

图2-112 成龄叶背面

图2-113 果穗

（二十）Mujuretuli

Mujuretuli为欧亚种，是原产于格鲁吉亚的红葡萄品种，它主要分布在格鲁吉亚的Racha-Lechkhumi地区，在当地有着广泛分布。该品种对霜霉病具有较强的抗性，耐寒能力强。

该品种的植物学特性表现为新梢梢尖形态闭合，梢尖绒毛着色无，梢尖绒毛密，新梢直立，新梢卷须间断分布，新梢节间腹侧和背侧均为绿色；幼叶表面黄绿，有光泽；成龄叶叶型单叶，叶片形状楔形，叶片表面深绿，三裂，上裂刻深度极浅，上裂刻开张，上裂刻基部形状"V"形，上表面泡状凸起中；叶柄洼半开张，叶柄洼基部"V"形，叶柄洼无锯齿；主裂片的锯齿两侧形状为双侧凸，较钝；叶柄长7.4 cm左右，中脉长9.0 cm左右，叶片宽13.7 cm左右，叶面积为123.3 cm²左右；成熟枝条表面形状为条纹，表面颜色为红褐色，横截面形状为扁椭圆形。

该品种在宁夏银川地区试种后表现为：4月中下旬萌芽，5月中下旬开花，9月底至10月初浆果成熟，从萌芽至果实完全成熟161 d左右；果穗圆柱或圆锥形，无歧肩，有副穗，果穗着生松散，平均果穗长度14.8 cm，平均果穗宽度9.8 cm，平均单穗重147.00 g；果粒卵形，果粒纵径14.29 mm，横径13.00 mm，平均单粒重1.61 g，果实可溶性固形物平均含量为24.02%。

在格鲁吉亚，通常将 Mujuretuli 与 Aleksandrouli 混合酿造经典的红葡萄酒和天然半甜型葡萄酒。Mujuretuli 酿制的葡萄酒具有鲜亮的覆盆子色泽，新酒生青味浓重，口感生涩，经过陈酿后，则会散发出浓郁雅致的石榴香气，口感具有良好的酸度，醇厚持久。

图2-114　新梢

图2-115　幼叶正面

图2-116　幼叶背面

图2-117　成龄叶背面

图2-118　成龄叶正面

图2-119　果穗

（二十一）Norton

Norton 为欧美杂种，是原产于美国的红葡萄品种。目前它主要种植在美国的弗吉尼亚州、密苏里州、阿肯色州、佐治亚州、堪萨斯州和加利福尼亚州。该品种是由 Daniel Norton 博士在19世纪20年代在美国弗吉尼亚地区发现的。该品种曾被称为"所有美洲红葡萄品种中最优质的葡萄品种"。该品种是美国阿肯色州（Arkansas）和密苏里州（Missouri）酿酒葡萄的主栽品种。

该品种的植物学特性表现为：新梢梢尖形态闭合，梢尖绒毛着色中，梢尖绒毛密，新梢半直立，新梢卷须间断分布，新梢节间腹侧绿色，背侧红色；幼叶表面黄绿，有光泽；成龄叶叶型单叶，叶片形状近圆形，叶片表面深绿色，五裂，上裂刻深度中，上裂刻闭合，上裂刻基部形状"V"形，叶片上表面泡状凸起深；叶柄洼轻度开张，叶柄洼基部形状"V"形，叶柄洼有锯齿；主裂片的锯齿两侧形状为双侧凸，较钝；叶柄长11.5 cm左右，中脉长15.0 cm左右，叶片宽21.2 cm左右，叶面积为318.0 cm^2；成熟枝条表面形状为条纹，表面颜色为紫色，横截面形状为椭圆形。

该品种在宁夏银川地区试种后表现：由于该品种种植时间较短，还未到挂果期，但长势十分旺盛，抗病能力很强，不易染病，对霜霉病免疫，抗寒性强；另外，该品种不适宜在高 pH 土壤中生长，在银川试种过程中出现了缺铁性黄化。

该品种酿造的葡萄酒颜色深蕴，风味浓郁，酸味十足，风味被认为介于仙粉黛和梅洛之间，而且因它的香气没有通常的美洲葡萄所具有的狐臊味而备受美国消费者赞誉。在1873年，密苏里州所酿造的 Norton 葡萄酒还在维也纳葡萄酒比赛中取得过金牌。

图2-120　新梢

图2-121　幼叶正面

图2-122　幼叶背面

图2-123　成龄叶正面

图2-124　成龄叶背面

图2-125　果穗（邱文平提供图片）

（二十二）Saperavi

Saperavi 为欧亚种，是原产于格鲁吉亚的红葡萄品种，它起源于格鲁吉亚东部卡赫基（Kakheti）地区，在 Kakheti 地区及格鲁吉亚其他地区几乎每一个葡萄园都有种植，在中国称为晚红蜜。Saperavi 在格鲁吉亚语的字面意思是"染料"，由于其葡萄皮色素很高，酒色浓郁深沉，通常也会与其他品种混酿以加深颜色和提高单宁含量，且把他列入染色品种系列。

该品种的植物学特性表现为：新梢梢尖形态闭合，梢尖绒毛着色浅，梢尖绒毛密，新梢直立，新梢卷须间断分布，新梢节间腹侧和背侧均为绿色；幼叶表面黄绿，有光泽；成龄叶叶型单叶，叶片形状心形，叶片表面深绿色，三裂，上裂刻深度极浅，上裂刻开张，上裂刻基部形状"V"形，叶片上表面泡状凸起中；叶柄洼半开张，叶柄洼基部形状"V"形，叶柄洼无锯齿；主裂片的锯齿两侧形状为双侧凸；叶柄长6.0 cm 左右，中脉长11.5 cm 左右，叶片宽17.0 cm 左右，叶面积为195.5 cm²左右；成熟枝条表面形状为条纹，表面颜色为红褐色，横截面形状为椭圆形。

该品种在宁夏银川地区试种后表现为：4月中下旬萌芽，5月中下旬开花，9月底至10月上旬浆果成熟，从萌芽至果实完全成熟162 d左右；果穗圆锥形，无歧肩，有副穗，果穗着生松散，平均果穗长度12.2 cm，平均果穗宽度9.6 cm，平均单穗重120.95 g；果粒近圆形，果粒纵径15.68 mm，横径15.30 mm，平均单粒重2.30 g，果实可溶性固形物平均含量为23.76%。

中国于1957年由格鲁吉亚引入，目前黄河故道山东、北京等地有栽培，但在宁夏还没有栽培。Saperavi在美国纽约州和澳大利亚维多利亚州和南澳州等有少量的栽培。Saperavi可酿制具有极佳的陈酿潜质优质干红葡萄酒，该品种还可以用于酿制半甜型及玫瑰红葡萄酒。

图2-126　新梢

图2-127　幼叶正面

图2-128　幼叶背面

图2-129 成龄叶正面　　　　　　　图2-130 成龄叶背面

图2-131 果穗

二、葡萄野生种质资源

（一）刺葡萄

刺葡萄是我国野生葡萄中重要的种，适合我国南方高温、高湿的气候条件，主要分布于我国湖南、湖北、江苏、江西、浙江、安徽、广西、广东、福建、河南、四川、贵州、云南、陕西和甘肃等省（自治区）。具有较强

的综合抗病性，果粒较大，可以直接作为鲜食和制汁的重要资源加以利用。国内已有多个刺葡萄优良株系被审定为新品种加以利用，刺葡萄在我国湖南、江西、福建、浙江等省均有直接栽培。

刺葡萄的新梢形态闭合，新梢梢尖无绒毛，新梢姿态半直立，新梢卷须间断分布，新梢节上及节间都有皮刺分布，新梢节间腹侧颜色绿，背侧颜色绿带红条带；幼叶表面颜色酒红色，幼叶表面有光泽；根据刺葡萄生态型差异，成龄叶叶型单叶，形状心形或楔形，叶片表面颜色深绿，叶缘泛黄，裂片全缘或三裂，叶片上表面泡状凸起极浅；叶柄洼轻度开张，叶柄洼基部类型"V"型，叶柄洼无锯齿，主裂片锯齿两侧形状为双侧凸，锯齿钝，叶柄上有皮刺。

| 图2-132　湖南刺葡萄新梢 | 图2-133　塘尾刺葡萄新梢 | 图2-134　湖南刺葡萄幼叶 |

图2-135　塘尾刺葡萄幼叶　　　图2-136　塘尾刺葡萄背叶　　　图2-137　湖南刺葡萄背叶

图2-138　湖南刺葡萄成龄叶正面　　　图2-139　湖南刺葡萄成龄叶背面

图2-140　塘尾刺葡萄成龄叶正面　　　图2-141　塘尾刺葡萄成龄叶背面

（二）山葡萄

山葡萄是葡萄属植物中最耐寒的种之一，其枝蔓可耐 -40~-50 ℃低温，根系可耐 -14~-16 ℃低温。该种起源于俄罗斯远东地区、朝鲜半岛和中国东北部，在我国集中分布于我国东北地区及内蒙古大青山和蛮汉山，在河北、山东、陕西、甘肃和河南等地也有零星分布。该种可以直接利用，也可作为亲本加以利用，其中已经审定了双庆、双红、双优、左山系列等品种均是山葡萄直接利用，而北红、北玫、北醇、公酿一号等品种均是以山葡萄为亲本的杂交后代。山葡萄在我国东北地区有大量直接栽培利用。

山葡萄新梢形态闭合，新梢梢尖绒毛着色无或极浅，新梢梢尖绒毛密度中，新梢姿态近似水平，新梢卷须间断分布，新梢节间腹侧颜色绿，背侧颜色绿带红条带；幼叶表面颜色黄绿，幼叶表面有光泽；根据不同生态型差异，成龄叶叶型单叶，形状心脏形或楔形，表面颜色深绿，裂片数全缘或三裂，叶片上表面泡状凸起深；叶柄洼开张，叶柄洼基部类型"U"型，叶柄洼无锯齿；裂片的锯齿两侧形状双侧凸或双侧直。

图2-142　山葡萄新梢　　　　图2-143　俄罗斯山葡萄新梢

图2-144　山葡萄幼叶正面

图2-145　俄罗斯山葡萄幼叶正面

图2-146　山葡萄成龄叶正面

图2-147　俄罗斯山葡萄成龄叶正面

（三）毛葡萄

毛葡萄是我国利用较多的野生葡萄种，其突出的特点是生长势强，结果多，易丰产。该种主要分布于山东、甘肃、陕西、山西、河南、安徽、湖南、浙江、江西、广西等地，在广东、云南、贵州和福建也有零星分布。该种在我国主要以直接利用为主，在广西有一定面积的种植。

毛葡萄新梢形态闭合，新梢梢尖绒毛着色白或粉红，新梢姿态半直立，新梢卷须间断分布，新梢节间腹侧颜色绿，背侧颜色绿；幼叶表面颜色黄绿，幼叶表面有光泽，幼叶下表面绒毛密，白色；成龄叶叶型单叶，

形状楔形，表面颜色绿，成龄叶片下表面密被白色丝毛，三裂，叶片上表面泡状凸起极浅，下表面密被丝毛；叶柄洼开张，叶柄洼基部类型"U"型或"V"型，叶柄洼无锯齿；裂片的锯齿为针头状，锯齿短；叶柄、新生枝条均密被白色丝毛。

图2-148 毛葡萄新梢

图2-149 毛葡萄
幼叶正面

图2-150 毛葡萄幼
叶背面

图2-151 毛葡萄成龄叶正面

图2-152 毛葡萄成龄叶背面

（四）复叶葡萄

关于复叶葡萄利用的报道相对较少，目前主要作为种质资源被收集保存。该种主要分布于宁夏、甘肃、陕西、河南、湖北、江西，在四川、浙江、广东、广西、云南等地有零星分布，该种是宁夏六盘山地区野生分布的仅有的两个葡萄属植物之一（复叶葡萄和桑叶葡萄）。

复叶葡萄新梢形态闭合，新梢梢尖绒毛着色浅，新梢姿态半直立，新梢卷须间断分布，新梢节间腹侧颜色绿，背侧颜色绿带红条带；幼叶表面颜色黄绿，幼叶表面有光泽；成龄叶叶型复叶，表面颜色深绿，形状卵圆形，全缘，裂片的锯齿两侧形状双侧凸，较钝，上表面泡状凸起浅。

图2-153　复叶葡萄幼叶正面

图2-154　复叶葡萄幼叶背面

图2-155　复叶葡萄新梢

图2-156　复叶葡萄成龄叶正面

（五）蘡薁葡萄

蘡薁葡萄是分布于我国的野生种之一，该种具有良好的抗寒性和抗旱性。主要分布于山东、河南、江苏、安徽、浙江、江西、广西、四川、福建，在湖北、云南、广东和台湾等地有零星分布，该种现主要作为育种亲本被加以利用。

蘡薁葡萄新梢形态半开张，梢尖着色无，新梢梢尖匍匐绒毛密度密，卷须间断分布，新梢节间腹侧颜色绿，背侧颜色绿带红条带；幼叶表面颜色绿，表面有光泽，幼叶下表面绒毛密，白色；成龄叶叶型单叶，形状五角形，表面颜色绿，裂片数七裂，上裂刻深度极深，上裂刻开张，上裂刻基部形状"U"形，叶片上表面泡状凸起浅；叶柄洼轻度开张，叶柄洼基部"U"型，叶柄洼无锯齿；裂片的锯齿为一侧凸一侧凹。

图2-157 蘡薁葡萄
新梢

图2-158 蘡薁葡萄幼叶
正面

图2-159 蘡薁葡萄
幼叶背面

图2-160 蘡薁葡萄成龄叶正面

图2-161 蘡薁葡萄成龄叶背面

（六）燕山葡萄

燕山葡萄是葡萄野生种中抗寒性仅次于山葡萄的种，除此之外，该种还耐干旱、耐瘠薄、除霜霉病外，对其他主要的真菌性病害也具有较强的抗性。该种主要分布于河北燕山，现在作为重要资源在种质资源圃中收集保存，还未见有关该种直接利用和间接利用的报道。

燕山葡萄新梢形态闭合，新梢梢尖绒毛着色无，新梢卷须间断分布，新梢节间腹侧颜色绿，新梢节间背侧颜色红；幼叶表面颜色黄绿，幼叶表面有光泽；成龄叶叶型单叶，形状五角形，叶片表面颜色绿，裂片数七裂，上裂刻深度深，上裂刻开张，基部形状"U"形，叶片上表面泡状凸起浅；叶柄洼开张，基部"U"型，叶柄洼无锯齿；裂片的锯齿两侧形状双侧凸，较钝。

图2-162 燕山葡萄新梢

图2-163 燕山葡萄幼叶

图2-164 燕山葡萄成龄叶正面

图2-165 燕山葡萄成龄叶背面

（七）沙地葡萄

沙地葡萄是北美种群的一个种，对根瘤蚜具有良好的抗性，抗旱，抗石灰性良好，对盐具有一定抗性，是优良的葡萄砧木育种材料。

沙地葡萄新梢形态半开张，梢尖绒毛着色浅，新梢姿态半直立，新梢卷须间断分布，新梢节间腹侧颜色绿，背侧颜色红；幼叶表面颜色黄绿，幼叶表面有光泽；成龄叶叶型单叶，形状五角形，表面颜色绿，裂片数三裂，上裂刻深度极浅，上裂刻开张，基部形状"V"形，叶片上表面泡状凸起浅；叶柄洼开叠类型开张，叶柄洼基部类型"U"型，叶柄洼无锯齿；裂片的锯齿两侧形状双侧直，锯齿较尖锐。

图2-166 沙地葡萄新梢

图2-167 沙地葡萄
幼叶正面

图2-168 沙地葡萄
幼叶背面

图2-169 沙地葡萄
成龄叶正面

图2-170 沙地葡萄
成龄叶背面

图2-171 沙地葡萄
田间生长表现

（八）河岸葡萄

河岸葡萄是北美种群的一个种，对根瘤蚜具有良好的抗性，抗石灰性良好，不耐旱，是优良的葡萄砧木育种材料。

河岸葡萄新梢形态半开张，新梢梢尖绒毛着色极浅，新梢姿态半直立，新梢卷须间断分布，新梢节间腹侧颜色绿带红斑点，背侧颜色绿带红条带；幼叶表面颜色黄绿，幼叶表面有光泽；成龄叶叶型单叶，形状楔形，表面颜色绿，裂片数三裂，上裂刻深度极浅，上裂刻开张，基部形状"U"形，叶片上表面泡状凸起中；叶柄洼开张，基部性状"U"型，叶柄洼无锯齿；裂片的锯齿双侧凸，较钝。

图2-172　河岸葡萄新梢

图2-173　河岸葡萄幼叶正面

图2-174　河岸葡萄幼叶背面

图2-175　河岸葡萄成龄叶正面

图2-176　河岸葡萄田间表现

（九）甜冬葡萄

甜冬葡萄是北美种群的一个种，对根瘤蚜具有良好的抗性，是优良的葡萄砧木育种材料。

甜冬葡萄新梢形态闭合，新梢梢尖绒毛着色中，新梢姿态半直立，新梢卷须间断分布，新梢节间腹侧颜色绿带红条带，背侧颜色红；幼叶表面颜色黄绿，幼叶下表面叶脉间绒毛密，白色，幼叶表面有光泽；成龄叶叶型单叶，形状楔形，表面颜色绿，裂片数三裂，上裂刻深度深，上裂刻开张，刻基部形"V"形，叶片上表面泡状凸起浅；叶柄洼开张，基部"U"型，叶柄洼无锯齿，裂片的锯齿两侧形状双侧凸，锯齿较浅。

图2-177　甜冬葡萄新梢

图2-178　甜冬葡萄
幼叶正面

图2-179　甜冬葡萄
幼叶背面

图2-180　甜冬葡萄
成龄叶正面

图2-181　甜冬葡萄成
龄叶背面

图2-182　甜冬葡萄

第三章
应用篇

一、宁夏贺兰山东麓地区葡萄主要栽培品种

宁夏葡萄产业经过长期的发展，通过对引进品种进行比较和筛选，现已初步形成了产区主要栽培的葡萄品种，其中，栽培的酿酒葡萄品种主要有：赤霞珠、梅鹿辄、蛇龙珠、西拉、马瑟兰、霞多丽等；栽培的鲜食葡萄品种主要有：红地球、大青、维多利亚、无核白鸡心等。

（一）赤霞珠（Cabernet　Sauvignon）

赤霞珠，欧亚种，酿酒葡萄品种，是世界上最著名的、酿制高档干红葡萄酒的品种之一。于1892年引入中国，在中国北方地区有大面积栽培，是中国栽培的主要酿酒葡萄

图3-1　赤霞珠果穗（何怀华提供图片）

品种。赤霞珠为晚熟品种，喜欢温暖的气候，在寒冷气候下无法成熟。该品种在宁夏贺兰山东麓栽培的酿酒葡萄品种中，面积居首位，占到65%左右。该品种于4月下旬萌芽，5月下旬至6月上旬开花，10月上旬成熟，由萌芽至果实充分成熟需要150～170 d。赤霞珠在宁夏表现普遍较好，在贺兰山东麓冲积扇砂砾土质中生长表现尤为突出，但在土壤较为肥沃的产区易出现丰产贪青、成熟度不足、含糖量较低、品质不够理想等问题。酿制的干红葡萄酒色泽深、香气浓郁、结构感强。年轻的葡萄酒典型香气具有黑醋栗、青椒、覆盆子的香气；陈年葡萄酒典型香气具有皮革、烟草、胡椒等香气。

（二）梅鹿辄（Merlot）

梅鹿辄，欧亚种，别名梅鹿特、梅乐、美乐、梅尔诺等，是世界上几个著名的酿酒红葡萄品种之一，原产法国波尔多，是近年来很受欢迎的优良品种。中国在20世纪80年代开始大量引进，在各主产区均有栽培。在贺兰山东麓产区，该品种于4月下旬萌芽，6月上旬开花，9月下旬成熟，由

图3-2　梅鹿辄果穗（何怀华提供图片）

萌芽至果实充分成熟需要145～165d，需要活动积温3 150～3 200℃，为中晚熟品种，在贺兰山东麓产区栽培面积占10%左右。该品种在宁夏表现较好，抗寒、耐旱、耐瘠薄能力和抗病能力相对较强，但根系多为水平生长，难以在具有钙积层的土壤中正常生长，对土壤适应性差，喜肥沃、砂质土壤。该品种糖度、酸度和单宁含量适中，果味浓郁，可以用来酿制美味而柔滑的新鲜葡萄酒，常常与赤霞珠混酿，以协调弱化赤霞珠高单宁的苦涩感。成熟较好的葡萄酿制的酒具有李子果、李子干、樱桃的风味，成熟不好的葡萄酿制的酒则带有青草味。

（三）蛇龙珠（Cabernet Gernischet）

蛇龙珠，欧亚种，红色酿酒葡萄品种，于1892年引入中国，原产法国，为法国的古老品种之一，曾在波尔多广泛种植。该品种在宁夏贺兰山东麓产区生长势较强，从萌芽到果实充分成熟需要155d左右，活动积温为3 100℃左右，适应性强，抗旱、抗寒、抗病性相对较强，耐瘠薄，适宜宁夏瘠薄的砂质土壤种植，栽培中注意控制水肥，以缓和树势，促进花芽分化。由于宁夏葡萄产业发展早期缺乏对葡萄种苗的监管，蛇龙珠在宁夏感染卷

图3-3 蛇龙珠果穗（何怀华提供图片）

叶病毒严重，一到秋天带毒的叶片就变成暗红色。蛇龙珠酿制的酒颜色较深，深宝石红色，香气浓郁，口感较为柔顺。酿造的一些葡萄酒中带有青椒、青草香气，但目前被认为这是果实不成熟的表现；年轻的葡萄酒具有黑醋栗、覆盆子香气，陈年葡萄酒具有胡椒、奶油、松脂、香料等香气。

（四）西拉（Syrah）

西拉，欧亚种，酿酒葡萄品种，原产法国，现在澳大利亚有大面积栽培，澳大利亚已成为西拉的主要产区。该品种在贺兰山东麓产区有一定面积的栽培，于4月下旬至5月上旬萌芽，5月下旬至6月上旬开花，9月中下旬成熟，由萌芽至果实充分成熟需要140 d左右，需要活动积温2 950~3 100℃。西拉在宁夏表现较好，喜欢温暖、干燥的气候以及富含砾石、通透性好的土壤，不仅抗旱性强，而且春季萌芽晚，可减少晚霜的危害，加之早熟，葡萄成熟后可以有一段时间生长，有利于根系养分回流，提高了葡萄的抗寒性。西拉葡萄酒单宁丰厚，口感强劲，香气浓郁，有明显的黑胡椒、黑莓香气，也具有覆盆子、皮革、辛烈香气。

图3-4　西拉果穗（何怀华提供图片）

（五）马瑟兰（Marselan）

马瑟兰，又叫"马塞兰""马色兰"等，红色酿酒葡萄品种，是法国农业科学院1961年以"赤霞珠"和"歌海娜"为亲本的杂交后代，1990年通过品种审定的新品种，属中晚熟品种。2001年从法国引入中国，在河北

图3-5　马瑟兰果穗（何怀华提供图片）

怀来中法庄园表现出了其独特的香气、环境适应能力和抗逆性强等特点。于2009年引种至宁夏贺兰山东麓产区，表现出了良好的生态适应性，生长势中等，较抗灰霉病，果实成熟度好、香气浓郁、品种典型性突出，其中在贺兰产区、银川产区、永宁产区和青铜峡产区均已有小面积种植。所酿之酒颜色深，具有浓郁的果香，荔枝、薄荷香气明显，富有细致的单宁，口感柔和不失衡。

（六）霞多丽（Chardonnay）

霞多丽，欧亚种，白色酿酒葡萄品种，原产法国勃艮第，是目前全世界最受欢迎的白色酿酒葡萄，属于早熟品种，以制造干白和起泡酒为主。由于霞多丽适合各种类型气候，耐寒，产量高且稳定，容易栽培，几乎全球各产区普遍种植。土质以石灰质土最佳，宜在中国干旱地区栽培。在贺兰山东麓产区4月中下旬萌芽，5月中下旬开花，9月上旬成熟，由萌芽到果实充分成熟需要145~150 d，该品种在宁夏贺兰山东

图3-6　霞多丽果穗（何怀华提供图片）

麓的栽培面积占葡萄栽培总面积的5%左右。宁夏贺兰山东麓产区葡萄成熟时气候冷凉，非常适合霞多丽种植，但由于霞多丽果实果皮较薄，成熟期遇到降雨容易感染灰霉病，应注意防范。霞多丽酿造的葡萄酒通常具有苹果、梨、柑橘类水果、甜瓜、菠萝、蜂蜜等香味，具有典型的酒香和果香，口感圆润、浓厚，可进行陈酿。

（七）红地球（Red Globe）

红地球，又名红提、晚红，欧亚种，鲜食葡萄品种，原产美国，由美国加州大学奥尔姆教授采用（L12-80皇帝 × Hunisa实生）× S45-48（L12-80 × Nocers）杂交育成。1987年引入中国，1996年引入宁夏栽培，现已成为宁夏主要栽培的鲜食葡萄品种。该品种属晚熟品种，在银川地区4月中旬萌芽，6月上旬开花，9月底至10月初果实成熟，从萌芽到果实完全成熟150 d以上。果穗圆锥形，平均穗重

图3-7　红地球果穗

880 g；果粒着生中等紧密，果粒近圆形或卵圆形，紫红色，平均单粒重9.0 g；果皮中厚，果肉硬、脆、汁少，无香味，可溶性固形物含量16.4%~17.6%，可滴定酸含量0.45%~0.54%。该品种喜肥水，适宜在干燥、少雨地区种植；宜采用小棚架栽培，中短梢混合修剪。极耐贮运、抗寒性较差、抗病性较弱，果实易日灼。

（八）大青（Daqing）

图3-8 大青果穗

大青，别名圆葡萄、圆白葡萄，斯克瓦兹、白鸡心、哈什哈尔，欧亚种，鲜食葡萄品种，宁夏地方品种，在宁夏青铜峡有大面积栽培。该品种为晚熟品种，在宁夏银川地区4月下旬萌芽，5月下旬至6月初开花，9月下旬果实成熟，从萌芽至果实完全成熟需150 d左右。果穗圆锥形，平均穗重850 g。果粒着生较紧密，果粒短椭圆形，黄绿色，平均粒重5.6 g。果皮薄，汁多，可溶性固形物含量17.2％，可滴定酸含量0.61％，味酸甜。该品种结果期晚，坐果率高，丰产，需进行疏花疏果，控制产量。适宜棚架栽培，中、长梢修剪。果皮薄，不耐挤压，不耐贮运。成熟期如遇连续降雨易裂果腐烂。

（九）维多利亚（Victoria）

维多利亚，欧亚种，鲜食葡萄品种，原产罗马尼亚，由罗马尼亚德哥沙尼试验站以绯红 × 保尔加尔杂交育成。1996年引入中国，2000年引入宁夏。该品种为早熟品种，在银川地区露地栽培4月下旬萌芽，6月初开花，8月中旬成熟，从萌芽至果实完全成熟110 d左右。果穗圆锥形或圆柱形，平均穗重480 g。果粒着生中等紧密，果粒长椭圆形，黄绿色，平均粒重7.5 g。果皮中等厚；果肉硬而脆，清爽可口，可溶性固形物含量15.4%，可滴定酸含量0.41%。该品种生长势中等，可采用篱架或小棚架栽培，中、短梢修剪；对水肥要求较高，采收后及时施肥；需严格控制负载量，及时疏果；抗灰霉病能力强，抗霜霉病和白腐病能力中等，生长季要加强霜霉病、白腐病的综合防治。果实成熟后不易脱粒，较耐运输。适合设施促早栽培。

图3-9　维多利亚果穗

（十）无核白鸡心（Centennial Seedless）

无核白鸡心，又名森田尼无核、世纪无核、青提，欧亚种，鲜食葡萄品种，原产美国，由美国加州大学奥尔姆教授以Gold × Q25-6杂交育成。1983年引入中国，1996年引入宁夏栽培。该品种为中熟品种，在银川地区4月下旬萌芽，6月上旬开花，8月下旬到9月初成熟。从萌芽至果实完全成熟120 d左右。果穗圆锥形，平均穗重450 g。果粒着生中等紧密，果粒鸡心形，黄绿色，较整齐，平均粒重4.2 g。果皮薄、韧，不易分离，果肉较脆，可溶性固形物含量16.6%，可滴定酸含量0.65%中熟，味酸甜。该品种适宜篱架或小棚架栽培，以短梢修剪为主，中梢修剪为辅。对生长调节剂敏感，使用赤霉素处理果粒可增大1倍。抗病性中等。果面易产生果锈，需套袋栽培。

图3-10　无核白鸡心果穗

二、拟推广的葡萄优良品种

在长期的产业发展过程中，宁夏虽然已初步形成了葡萄的主栽品种，但随着产业的发展，品种相对单一的局限性问题也越来越突出，加快引进和筛选适合宁夏贺兰山东麓产区推广栽培的葡萄优良品种，可为推动宁夏葡萄产业的可持续发展提供品种支撑。通过多年的品种比较研究和区域化试验，已筛选出部分可在产区推广的葡萄优良品种，现介绍如下。

（一）威代尔（Vidal Blanc）

1. 品种介绍

威代尔，欧美杂种，原产法国，由法国人 Jean Louis Vidal 利用白玉霓（Ugni blanc）×Seibel 4986杂交选育的白葡萄品种。该品种新梢梢尖形态闭合、直立，颜色为黄绿色，无绒毛；新梢卷须间断分布；幼叶表面颜色黄绿，有光泽；成龄叶叶型单叶，叶片形状楔形，叶片表面绿色，叶柄长7.5 cm左右，中脉长13.5 cm左右，叶片宽18.4 cm左右，叶面积为248.4 cm^{2}左右，三裂，上裂刻深度极浅、开张、基部形状"V"形，叶柄洼高度重叠、基部形状"V"形，主裂片的锯齿两侧形状为双侧凸，上表面泡状凸起中；一年生成熟枝条节间色白，节部红褐色，冬芽较大。两性花，花序长，第一花序通常着生在第三节。

2. 威代尔引进

该品种最早由宁夏林业研究院股份有限公司（原宁夏林业研究所）于1999年3月从美国密苏里州立大学葡萄果树试验站引进种条，同年培育营养袋苗46株，并开展该品种的组培快繁技术研究，5月定植于日光温室进行保护性栽培，成活43株。2000年5月育苗802株，定植于宁夏林业研究院银川植物园葡萄品种园230株并进行该品种在宁夏银川地区的适应性观察

和栽培试验。

3. 威代尔在宁夏的生长表现

威代尔在宁夏贺兰山东麓的气候条件下，萌芽期为4月中下旬，开花期为5月底，幼果膨大期在6月上旬，8月上旬果实转色，9月底浆果成熟，从萌芽到浆果成熟需165 d左右。果穗长圆柱形，带副穗，果穗着生中等紧密，全穗果粒成熟度一致，平均果穗长22.02 cm，平均果穗宽7.96 cm，平均穗重为238.84 g，最大穗质量512 g。果皮较厚，黄白色有果粉，充分成熟果面略带红晕。果粒圆形，平均大小为1.47 cm×1.49 cm，平均单粒重1.85 g左右，种子数量1~4粒，其中以2粒居多。该品种平均结果系数1.78；果实可溶性固形物25.23%。

该品种树体生长势旺，植株健壮、丰产、稳产、抗寒、抗霜霉病，耐土壤瘠薄，好管理。通过田间调查发现该品种霜霉病的发病率为5.46%，病情指数0.39（同等条件下赤霞珠霜霉病的发病率为31.24%，病情指数6.65）；离体条件下，威代尔枝条在–21℃处理后，其冬芽的萌发率还能达到33.68%（同等条件下赤霞珠冬芽的萌发率只有1.52%）；该品种果实不抗灰霉病，通过在果实上进行室内离体接种灰霉病，其病情指数45.33。另外，该品种突出的优点是芽眼中的副芽与主芽同样有很强的结果能力，萌蘖枝也百分之百带有果穗，这对于晚霜冻害比较频繁的宁夏贺兰山东麓地区具有突出的优势。同时，由于具有果实成熟后果穗不脱落、果实成熟后可延迟采收，可作为酿造高档冰酒或甜型酒的原料。

4. 威代尔葡萄酒特点

威代尔酿造的冰葡萄酒特点：酒体颜色琥珀色，香气特征整体表现出蜜香、甜苹果、葡萄柚的香气特征，不同地域种植的威代尔，其冰酒还分别体现出苦杏仁味、焦糖味、菠萝和麦芽等香气。

5. 威代尔栽培注意要点

威代尔作为冰酒原料，其采收时间要较其他葡萄品种晚，在9月中旬其他葡萄栽培品种还未采收之前搭建防鸟网，以避免因其他葡萄采收后鸟类对威代尔葡萄果实的严重危害。

威代尔葡萄抗霜霉病能力较强，主要的病虫害是灰霉病、白粉病、毛毡、叶蝉等。具体的防治方法参照 DB64/T 1092−2015相关规定执行。

虽然威代尔具有较强的抗寒性，但在宁夏贺兰山东麓产区栽培表现出不耐抽干，因此，威代尔在宁夏仍需埋土越冬。由于威代尔采收时间较晚，采收时土壤已轻微封冻，果实采收后立即修剪、压条和埋土，威代尔根系和枝条的抗寒力较强，埋土厚度为20 cm 左右即可安全越冬。

威代尔葡萄结果能力较强，需进行限产栽培，一般每棵树预留5~6个结果枝，每个结果枝上留1~2穗葡萄，每棵树控制在8~12穗果；由于葡萄威代尔作为冰酒原料需延迟采收，这对葡萄树体的营养消耗较大，为更好地保护树体，建议葡萄威代尔隔年延迟采收一次。

图3-11　威代尔新梢

图3-12　威代尔幼叶正面

图3-13　威代尔幼叶背面

图3-14 威代尔成龄叶正面

图3-15 威代尔成龄叶背面

图3-16 威代尔果穗

图3-17　威代尔延迟采收田间照片

图3-18　威代尔延迟采收果穗

图3-19　威代尔整株照片

图3-20　威代尔良种证书

图3-21　用威代尔生产的
冰葡萄酒

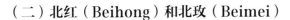

（二）北红（Beihong）和北玫（Beimei）

1. 品种介绍

北红（Beihong）和北玫（Beimei），欧山杂种，两个品种均是由中国科学院植物研究所利用玫瑰香（Muscat Hamburg）× 山葡萄（*Vitis amurensis*）杂交选育而来的红葡萄品种，两个品种在2008年和2014年分别通过北京市和国家林木品种审定委员会的审定。

北红，植株生长势强，新梢黄绿色，密布灰白色绒毛。幼叶黄绿色，下表面有黄白色绒毛。成龄叶片心形，上表面泡状突起深，叶背面有黄白色短绒毛。叶片浅三裂，锯齿两侧直，叶柄洼半开张。成熟枝条黄褐色。两性花，花序较长，第一花序通常着生在第三节。

北玫，新梢绿中带浅紫色，密布灰白色绒毛。幼叶黄绿色，有浅紫红色晕，下表面有黄白色绒毛。成龄叶片心形，上表面泡状突起深，叶背面有稀疏的黄白色短绒毛。叶片3裂或5裂，锯齿两侧直，叶柄洼半开张。成熟枝条红褐色。两性花，花序较长，第一花序通常着生在第三节。

2. 北红和北玫引进

两个品种最早在宁夏农业综合开发办公室支持下于2011年引入到宁夏，并逐渐在产区内进行示范推广。目前已在宁夏农垦西夏王实业有限公司、贺东庄园、金沙湾国际酒庄等企业种植示范，种植面积近3 000亩。

3. 北红和北玫在宁夏的生长表现

北红在宁夏贺兰山东麓的生态条件下，4月中上旬萌芽，5月中旬开花，8月上旬转色，9月下旬成熟，从萌芽到浆果成熟需150 d以上，属中晚熟品种。北红果穗圆锥形，平均穗重160 g。果粒圆形，蓝黑色，着生较紧，平均粒重1.6 g。果皮厚，果肉软，有肉囊，含种子2~4粒。可溶性固形物含量24.0%~28.0%，可滴定酸含量6.4~8.9 g/L，出汁率63.0%。

北红在宁夏表现出树体生长势中等，植株健壮，丰产、稳产、抗寒旱，对霜霉病具有一定的抗性，但对白粉病较为敏感，在生产中需重视预防管

理。突出的优点是芽眼中的副芽与主芽同样有很强的结果能力，树体营养良好的条件下，副芽多数也带有果穗，这对于晚霜冻害比较频繁的宁夏贺兰山东麓地区具有较强的优势。同时，该品种越冬性能稳定，在树势平衡的前提下，从第三年开始即可完全免埋土实现露地越冬，幼树仅需少量覆土即可安全越冬，极大节省了管理成本，便于标准化园区的建设与管理，适宜高度机械化。

北玫在宁夏贺兰山东麓的生态条件下，4月中上旬萌芽，5月中旬开花，8月上旬转色，9月下旬至10月上旬成熟，从萌芽到浆果成熟需160 d以上，属中晚熟品种。北玫果穗圆锥形，平均穗重160 g。果粒圆或近圆形，紫黑色，着生较紧，平均粒重2.6 g。果皮厚，果肉软，有肉囊，含种子2~4粒。可溶性固形物含量23.0%~26.0%，可滴定酸含量6.5~9.2g/L，出汁率65.0%，有玫瑰香味。

北玫在宁夏表现与北红基本一致。

4. 北红、北玫葡萄酒特点

北红的特点是皮厚耐浸渍，酿造的葡萄酒呈深宝石红色，香气以蓝莓、李子、树莓等果香为主，酸度较高，单宁丰富而细腻，酒体醇厚，适合做陈酿型干红葡萄酒；北玫皮厚耐浸渍，颜色同样呈深宝石红色，具有愉悦的玫瑰花、紫罗兰和樱桃香气，酸度活泼，单宁柔顺，酒体丰满，适合做新鲜易饮型的葡萄酒，如桃红、甜型葡萄酒，做些甘润型的干红葡萄酒也很好。

5. 北红、北玫栽培注意要点

虽然成龄树可以在宁夏露地越冬，但小于3年的幼树在宁夏需要埋土防寒，其幼树的冬剪和埋土均可参照宁夏葡萄常规的栽培管理模式。

虽然能在宁夏露地越冬，但由于春季发芽较早，容易受到晚霜冻的危害。为了减少晚霜冻的危害，建议冬剪改为春季修剪，修剪时间宜在伤流前2周完成；对于晚霜频发的地区，推荐在萌芽后视天气情况进行晚修剪，最好是在晚霜过后进行修剪。由于修剪较晚，一般已有顶部芽眼萌动，且消耗树体部分营养，因此在修剪后，注意追肥。

北红、北玫均有较强的霜霉病抗性，但对白粉病的抗性具有较大差异，其中北红对白粉病抗性较弱，而北玫对白粉病的抗性相对较强，生产中应结合葡萄园气候变化重视预防，具体的防治方法参照 DB64/T 1092—2015 相关规定执行。

图3-22 北红果穗

图3-23 北玫果穗

图3-24 北红和北玫在宁夏露地越冬

图3-25　北红、北玫在宁夏露地越冬后的生长情况

图3-26　北红、北玫生产的葡萄酒（匡阳甫提供图片）

（三）卡托巴（Catawba）

1. 卡托巴品种介绍

卡托巴（Catawba），欧美杂种，原产美洲。卡托巴在美国葡萄酒历史上起到了重要的作用，19世纪初，它被美国的Carolina发现，John Adlum先生在华盛顿特区的Georgetown大学的苗圃里开始大量繁殖，使得后来卡托巴在19世纪中期在美国东海岸地区被广泛的种植，该品种不仅可被用来酿酒，还被用来制作葡萄汁、果酱、果冻。该品种新梢梢尖形态闭合，新梢直立，新梢卷须间断分布；幼叶表面颜色黄绿，有光泽，叶片下表面匍匐绒毛密；成龄叶叶型单叶，叶片形状五角形，三裂，上裂刻深度中、开张、基部形状"V"形，叶柄洼开张、基部形状"V"形，主裂片的锯齿两侧形状为双侧凸，偏钝，叶片上表面泡状凸起中，成龄叶下表面匍匐绒毛密；叶柄长12.5 cm左右，中脉长16.6 cm左右，叶片宽23.0 cm左右；成熟枝条表面条纹状，表面颜色为红褐色，横截面形状为椭圆形。两性花，花序长，第一花序通常着生在第三节。

2. 卡托巴引进

该品种最早由宁夏林业研究院股份有限公司于2008年12月从美国密苏里州立大学葡萄果树试验站引进种条。种条经过沙藏之后，于第二年2月于温室内进行电热丝催根，扦插培育营养袋苗22株，定植于温室内。同时，当年开展该品种的组培快繁，并进行苗木繁育。2012年5月在宁夏林业研究院股份有限公司葡萄试验地进行田间定植3亩，并进行品种在宁夏银川地区的适应性观测和栽培试验。

3. 卡托巴在宁夏的生长表现

卡托巴在宁夏贺兰山东麓的气候条件下，4月下旬萌芽，5月下旬开花，8月中旬枝条开始成熟，10月上旬果实成熟，从萌芽到浆果成熟需170 d左右，属晚熟品种。卡托巴果穗形状为长圆锥形，平均果穗重150.88 g，平均果穗长12.34 cm，平均果穗宽6.16 cm。果皮较厚，粉红色有果粉，充分

成熟果面颜色加深。果粒近圆形，较大，着生较疏松，平均果粒长17.09 mm，平均果粒宽16.0 mm，平均果粒重2.68 g，平均可溶性固形物22.02%。每粒含种子3颗，果肉绿色，有肉囊，软而多汁，味偏酸。

卡托巴在宁夏表现为树体生长势强，植株健壮，抗寒、高抗霜霉病、中抗灰霉病，耐土壤瘠薄，好管理。2018年和2019年冬季，4~5年生葡萄树露地越冬成活率达到100%；通过田间调查发现，卡托巴对霜霉病的发病率为6.92，病情指数为0.55（在同等条件下，对照赤霞珠对霜霉病的发病率31.24，病情指数6.65）；通过在果实上进行室内离体接种灰霉病，其病情指数27.33，而赤霞珠果实在同等条件下对灰霉病的病情指数为49.59；另外，卡托巴也具有果实成熟后果穗不脱落、果实成熟后可延迟采收的特点。

4. 卡托巴酿酒特点

卡托巴是红葡萄品种，但是它所含花青素含量低，适合酿桃红或者白葡萄酒。它所含的多酚类物质含量少，单宁低，无法生产出酒体厚重的红葡萄酒。直接轻度压榨果汁无色，可以做干白葡萄酒；重度压榨以后果汁有粉色调，适合酿造桃红葡萄酒。酿造的葡萄酒具有浓郁的草莓香味。

5. 卡托巴的栽培

由于该品种具有良好的抗病性和抗寒性，因此，在正常情况下，与欧亚种相比，可减少打药1~2次；正常情况下，该品种在宁夏需埋土越冬，但埋土厚度20 cm即可，目前有试验数据表明该品种在银川种植可露地越冬，但需要进一步的跟踪调查。另外，该品种在宁夏可延迟采收，如需延迟采收，其栽培管理可与威代尔的延迟采收管理一致。栽培过程中注意白粉病的防控。

图3-27 卡托巴新梢

图3-28 卡托巴
幼叶正面

图3-29 卡托巴
幼叶背面

图3-30 卡托巴成熟叶片正面

图3-31 卡托巴成熟叶片背面

图3-32 卡托巴果穗

图3-33　卡托巴延迟采收

图3-34　卡托巴露地越冬
后再萌芽

图3-35　卡托巴酿造的桃红葡
萄酒

（四）夏博森（Chambourcin）

1. 夏博森品种介绍

夏博森（Chambourcin），原产于法国，是由著名的葡萄育种专家 Jonnes Seyve 在19世纪60年代初培育的欧美杂种，长期以来它只有品种编号，为 Joannes Seyve 26205，直到1963年才有了正式的品种名称。目前主要种植在法国、美国、澳大利亚、葡萄牙、加拿大、德国、瑞士、新西兰等国。该品种新梢梢尖形态半开张，新梢直立，新梢卷须间断分布；幼叶表面颜色黄绿，有光泽，叶片下表面无绒毛；成龄叶叶型单叶，叶片形状楔形，三裂，上裂刻深度极浅、开张、基部形状"V"形；叶柄洼开张、基部形状"U"形；主裂片的锯齿两侧形状为双侧凸，锯齿尖；成熟叶片背面无绒毛，叶片表面绿色；叶柄长10.8 cm 左右，中脉长14.0 cm 左右，叶片宽17.5 cm 左右；成熟枝条表面形状为条纹，表面颜色为红褐色，横截面形状为椭圆形；两性花，花序长，第一花序通常着生在第1~2节。果穗圆锥形，无歧肩，有副穗，果穗大，果粒中等大小，果皮色深。

2. 夏博森的引进

该品种最早由宁夏林业研究院股份有限公司于2008年12月从美国密苏里州立大学葡萄果树试验站引进种条，种条经过沙藏之后，于第二年2月于温室内进行电热丝催根，扦插培育营养袋苗35株，定植于温室内。同时当年开展该品种的组培快繁，开展苗木繁育。2012年5月在宁夏林业研究院股份有限公司葡萄试验地进行田间定植3亩，并进行品种在宁夏银川地区的适应性观测和栽培试验。

3. 夏博森在宁夏的生长表现

夏博森在宁夏贺兰山东麓的气候条件下，萌芽期为4月中下旬，开花期为5月下旬至6月上旬，幼果膨大期在6月中旬，8月上旬果实转色，9月中旬浆果成熟，从萌芽到浆果成熟需155d左右，属中晚熟品种。夏博森果穗为长圆锥形，有副穗，紧密度松散，全穗果粒成熟度一致，平均果穗长

19.52 cm，平均果穗宽11.87 cm，平均穗重298.2 g。果粒近圆形，紫黑色，平均大小为1.56 cm×1.53 cm，单粒重2.20 g左右，种子数量1~4粒，其中以2粒居多。该品种平均结果系数1.83；果实平均可溶性固形物24.54%，总酸含量为7.5 mg/g左右，总酚含量为10.24 mg/g左右，单宁含量1.14 mg/g左右。

夏博森在宁夏表现出树体生长势旺，植株健壮，耐寒、抗霜霉病、白粉病和灰霉病，耐土壤瘠薄，好管理。2018年和2019年冬季（最低气温 –17.5℃），4~5年生葡萄树越冬成活率达到30%；通过田间调查发现，夏博森霜霉病的田间发病率为4.14，病情指数为0.23（在同等条件下，对照赤霞珠霜霉病的田间发病率31.24，病情指数6.65）；通过在夏博森果实上离体接种灰霉病，其病情指数20.94，而对照赤霞珠果实在同等条件下的病情指数为49.59。

4. 夏博森酿酒特性

夏博森酿造的葡萄酒颜色深厚鲜亮，新酒带有强烈紫色，直接轻度压榨可以做桃红葡萄酒，但颜色相对较深；发酵时果皮颜色容易浸提，非常适合酿造新鲜易饮型的干红葡萄酒，果香浓郁，酒体中等偏轻，单宁感弱，具有李子、香草、黑樱桃等新鲜水果香气和覆盆子、丁香、烟草的气息。也可与其他品种混酿，为葡萄酒增添色泽、香气、酒体和复杂度。

5. 夏博森的栽培

该品种在宁夏栽培无需特殊要求，可参照宁夏其他欧亚种的栽培技术执行。

图3-36　夏博森新梢　　图3-37　夏博森幼叶正面　　图3-38　夏博森幼叶背面

图3-39　夏博森成龄叶正面　　　　图3-40　夏博森成龄叶背面

图3-41　夏博森果穗

图3-42　夏博森田间生长表现

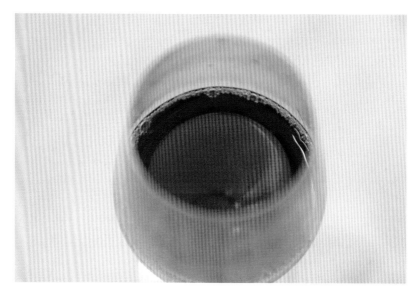

图3-43　夏博森酿造的桃红葡萄酒

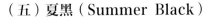

（五）夏黑（Summer Black）

1. 品种介绍

夏黑，欧美杂种，鲜食品种，原产日本，由日本山梨县果树试验场1968年用巨峰 × 无核白杂交育成的三倍体品种。该品种嫩梢黄绿色，绒毛较密。幼叶黄绿色，上表面有光泽，叶背有少量绒毛。成龄叶片大，深绿色，楔形，三或五裂，叶缘锯齿较钝。五裂叶上裂刻基部"U"形、开张、叶柄洼基部"V"形。一年生成熟枝条红褐色，两性花。该品种生长势强，易着色，香味浓，糖含量高，具有品质好、抗性强等优点，是优良的无核早熟品种。

2. 夏黑在宁夏的生长表现

夏黑是由南京农业大学园艺学院于1998年从日本引入中国。2010年，国家葡萄产业技术体系贺兰山东麓综合试验站引入银川试栽。该品种在银川生长表现出植株生长势强旺，树势稳定，芽眼萌发率76.9%，结果枝率94.1%，平均每条结果枝上果穗数1.5个，第一果穗多着生于2～4节。定植第2年开始挂果，早果性好。在银川地区4月下旬萌芽，5月底至6月初开始开花，盛花期在6月上旬，7月中旬左右果实开始着色，8月中旬成熟，从萌芽到果实成熟需要110 d左右。果穗圆锥形或圆柱形，自然条件下，平均穗重300 g左右，平均穗长19.2 cm，穗宽9.9 cm，果穗着生较紧密。自然果粒平均单粒重3.0~3.5 g，果粒近圆形，果皮较厚，紫黑色或蓝黑色，易着色。果肉硬脆，无肉囊，果汁紫红色，可溶性固形物含量18.6%~25.2%，可滴定酸含量0.47%~0.63%。味甘甜，有浓郁草莓香味。

3. 夏黑栽培要点

露地、设施栽培均可，因耐散射光，更适合设施栽培。长势强，适宜棚架栽植。易形成花芽，成花节位低。适应性强，较抗病。自然生长果粒小，且存在严重的大小粒，需进行膨大处理，商品性提高，但需注意处理时间和浓度。

图3-44　夏黑田间生长势

图3-45　夏黑结果状

图3-46 夏黑自然果

图3-47 夏黑处理果

（六）火州黑玉（Huozhouheiyu）

1. 品种介绍

火州黑玉，欧亚种，鲜食葡萄，新疆葡萄瓜果开发研究中心以红地球 × 火焰无核杂交育成，2011年取得新品种登记。该品种嫩梢紫红色，幼叶紫红色，表面无绒毛。成龄叶五角形，五裂，主叶脉基部浅红色，泡状凸起中等。该品种穗形整齐，酸甜适中，丰产稳产，是优良的无核早熟品种，产量比较稳定。

2. 火州黑玉在宁夏的生长表现

火州黑玉是2010年由国家葡萄产业技术体系贺兰山东麓综合试验站引入银川试栽。在银川地区该品种表现出生长势中等偏强，树势稳定，抗寒及抗盐碱能力好，对霜霉病抗性较弱；萌芽率67.4%，结果枝率79.5%，每结果枝果穗数1.8个，第一花序着生在2~5节。在银川地区4月下旬萌芽，6月上旬开花，7月中旬转色，8月中旬果实成熟。从萌芽到果实成熟需要110d左右。果穗圆锥形，平均穗重500g左右，穗形整齐，果穗着生中等偏紧。果粒近圆形，紫黑色，平均粒重3.1g，果粒纵径1.73cm，横径1.72cm。果皮中厚，无涩味，果肉较脆，可溶性固形物含量16.3%~18.6%，可滴定酸含量0.49%~0.66%。味酸甜，无种子。该品种成熟后不脱粒，采摘期长，耐贮运。

3. 火州黑玉栽培要点

火州黑玉适合篱架或小棚架栽培，短、中梢修剪，一般不需疏果。

图3-48　火州黑玉新梢　　　　　图3-49　火州黑玉成龄叶片

图3-50　火州黑玉结果状

图3-51　火州黑玉果穗

（七）无核翠宝（Wuhe Cuibao）

1. 品种介绍

无核翠宝，欧亚种，鲜食葡萄，是山西省农科院果树研究所以瑰宝 × 无核白鸡心杂交育成，2011年通过品种审定。该品种新梢黄绿色带紫红，有稀疏绒毛；幼叶浅紫红色，叶背有稀疏绒毛。成龄叶心形，中等大小，叶表面泡状凸起中，叶背面有稀疏绒毛，叶五裂，上下裂刻深，叶缘锯齿锐，叶柄洼"V"形。两性花。该品种具有良好的抗病性，不易裂果。

2. 无核翠宝在宁夏的生长表现

无核翠宝是2013年由国家葡萄产业技术体系贺兰山东麓综合试验站引入银川试栽，在银川地区表现为：植株长势中等，平均萌芽率60.0%，平均结果枝率63.6%，每结果枝平均花序数1.4个，第一花序着生在4～5节。在银川地区4月下旬萌芽，6月上旬开花，7月中旬果实开始变软，8月下旬果实完全成熟，从萌芽至果实完全成熟所需天数在120 d左右。该品种果穗圆锥形，平均穗重374 g，果穗着生中等偏紧。果粒椭圆形，大小均匀，平均粒重3.7 g，纵径1.89 cm，横径1.74 cm。果皮黄绿色，皮薄，略有涩味，果肉脆，具有浓郁的玫瑰香味，可溶性固形物含量19.7%，总糖含量为17.3%，可滴定酸含量为0.40%，无种子或有1~2粒残核。

3. 无核翠宝栽培要点

篱架、棚架均可栽培，主蔓中长梢修剪，结果枝组短梢修剪。果穗大小适中，果粒紧密度适中，一般无需疏果，生产中尽量不用生长调节剂处理。产量过大会影响商品性，亩产量控制在1 000 kg左右为宜。

图3-52 无核翠宝新梢

图3-53 无核翠宝成龄叶片

图3-54 无核翠宝果穗

（八）阳光玫瑰（Shine Muscat）

1.品种介绍

　　阳光玫瑰，欧美杂种，是日本果树试验场安芸津葡萄、柿研究部1986年以安芸津21号 × 白南杂交育成。该品种高糖、脆肉、浓香、耐贮运，是一个发展前景良好的中熟品种。嫩梢黄绿色，密生白色绒毛，梢尖浅红色。幼叶浅红色，上表面有光泽，下表面有绒毛。成龄叶大，五角形，叶表面泡状凸起深，叶背有稀疏绒毛，三裂。裂刻浅。叶柄长，浅红色，叶

柄洼基部"V"形半开张。两性花。

2. 阳光玫瑰在宁夏的生长表现

阳光玫瑰是2006年前后由南京农业大学从日本引入中国,在两广、云南、湖南、安徽、江浙沪地区发展较早,2016年后在全国主要葡萄栽培区域,均呈快速发展态势。近年来,宁夏已有部分地区开始种植该品种。在银川该品种表现出植株生长势强,抗葡萄霜霉病和白粉病,对灰霉病抗性中等,抗逆性较强。平均萌芽率65.0%,平均结果枝率75%,平均每一结果枝上果穗数为1穗,果穗多着生在4~5节。在银川地区8月底至9月初成熟,从萌芽至果实成熟需128 d左右,为中熟品种。果穗圆锥形,平均单穗重541 g,穗形松散。果粒椭圆形,平均粒重6.0 g,纵径2.25 cm,横径2.01 cm。果皮黄绿色,果肉脆甜,有浓郁的玫瑰香味,可溶性固形物含量21.2%,可滴定酸含量0.31%。

3. 阳光玫瑰栽培要点

阳光玫瑰植株普遍携带病毒,长势弱易僵苗,选择脱毒苗或用长势强的砧木嫁接栽培。自然生长的阳光玫瑰果穗较松散,无核膨大处理之后着粒紧实,商品性提高,但需注意处理时间和浓度。果实充分成熟后果面易出现不同程度果锈,栽培中应注意套袋,成熟后期增施钙肥。阳光玫瑰对栽培技术水平要求较高,需要精细化管理。

图3-55　阳光玫瑰新梢

图3-56　阳光玫瑰成龄叶片

图3-57　阳光玫瑰自然果穗

图3-58　阳光玫瑰处理果穗

附　录

葡萄种质资源形态特征和生物学特性描述规范

（节选自"葡萄种质资源描述规范和数据标准"）

1. 嫩梢梢尖形态

嫩梢梢尖幼叶与幼茎的抱合状态。

　　1　闭合

　　3　半开张

　　5　全开张

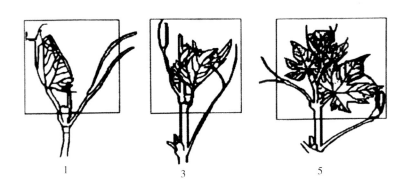

2.嫩梢梢尖绒毛着色

嫩梢梢尖绒毛上的着色程度

1　无或极浅

3　浅

5　中

7　深

9　极深

3.嫩梢梢尖花青素分布

嫩梢梢尖花青素分布的基本形状。

0　无

1　带状

4.嫩梢梢尖匍匐绒毛密度

嫩梢梢尖匍匐绒毛的疏密程度。

1　无或极疏

3　疏

5　中

7　密

9　极密

5.嫩梢梢尖直立绒毛密度

嫩梢梢尖绒毛的疏密程度。

1　无或极疏

3　疏

5　中

7　密

9　极密

6. 新梢姿态

在不引缚情况下，新梢的生长姿态。

1 直立

3 半直立

5 近似水平

7 半下垂

9 下垂

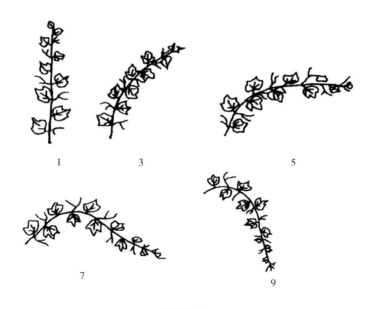

新梢姿态

7. 新梢卷须长度

新梢中部卷须的伸直长度。单位为 cm。

8. 新梢卷须分布

新梢中部具有卷须或花序的连续节位数。

1 间断

2 半连续或连续

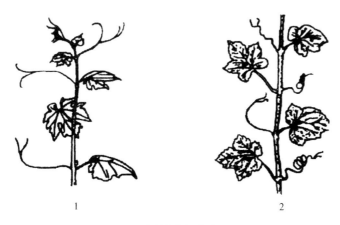

1　　　　　　　　　　　　　　2

新梢卷须分布

9. 新梢节上匍匐绒毛密度

新梢中部节上匍匐绒毛的疏密程度。

    1　无或极疏

    3　疏

    5　中

    7　密

    9　极密

10. 新梢节上直立绒毛密度

新梢中部节上直立绒毛的疏密程度。

    1　无或极疏

    3　疏

    5　中

    7　密

    9　极密

11. 新梢节间匍匐绒毛的密度

新梢中部节间上匍匐绒毛的疏密程度。

1 无或极疏

3 疏

5 中

7 密

9 极密

12. 新梢节间直立绒毛密度

新梢节间上直立绒毛的疏密程度。

1 无或极疏

3 疏

5 中

7 密

13. 新梢节间腹侧颜色

新梢中部节间腹侧的颜色。

1 绿

2 绿带红条带

3 红

14. 新梢节间背侧颜色

新梢中部节间背侧的颜色。

1 绿

2 绿带红条带

3 红

15. 冬芽花青素着色程度

生长季节一年生枝条上冬芽花青素着色程度。

1 无或极浅

3 浅

5 中

　7　深

　9　极深

16. 成熟枝条表面形状

一年生成熟枝条中部节间的表面形状。

　1　光滑

　2　罗纹

　3　条纹

　4　棱角

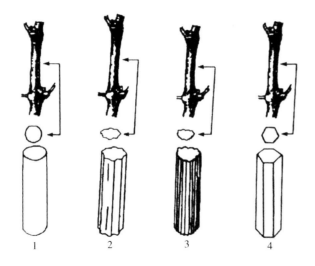

成熟枝条表面形状

17. 成熟枝条表面颜色

一年生成熟枝条中部节间的表面颜色。

　1　黄

　2　黄褐

　3　暗褐

　4　红褐

　5　紫

18. 成熟枝条横截面形状

一年生成熟枝条中部节间横截面的基本形状。

1 近圆形

2 椭圆形

3 扁椭圆形

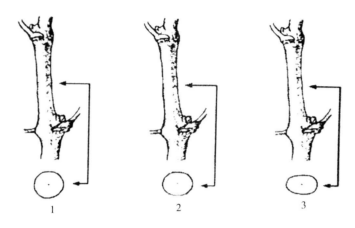

成熟枝条横截面形状

19. 成熟枝条节间长度

一年生成熟枝条中部的节间长度。单位为 cm。

20. 成熟枝条节间粗度

一年生成熟枝条中部的节间粗度。单位为 cm。

21. 砧木产条量

单位面积符合扦插要求的枝条总长度。单位为 m/hm^2。

22. 愈伤组织形成能力

插条或接穗剪口形成愈伤组织的能力。

1 低

2 中

3 高

23.不定根形成能力

插条上形成不定根的条数。单位为条。

24.枝条皮孔

一年生成熟枝条表面皮孔的有无。此性状适用于野生和砧木类型。

0 无

1 有

25. 枝条皮刺

一年生成熟枝皮条表面刺的有无。此性状适用于野生和砧木类型。

0 无

1 有

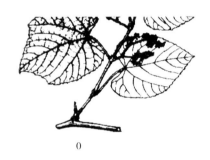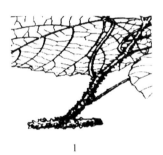

0   1

枝条皮刺

26.枝条腺毛

一年生成熟枝皮条表面腺毛的有无。此性状适用于野生和砧木类型。

0 无

1 有

0   1

枝条腺毛

27. 幼叶表面颜色

嫩梢5片幼叶时上表面颜色的类型。

    1 黄绿

    3 绿色带有黄斑

    5 红棕色

    7 酒红色

28. 幼叶花青素着色程度

梢尖2~4个幼片叶花青素着色程度。

    1 无或极浅

    3 浅

    5 中

    7 深

    9 极深

29. 幼叶表面光泽

幼叶上表面的光泽度。

    0 无

    1 有

30. 幼叶下表面叶脉间匍匐绒毛

幼叶下表面叶脉间匍匐绒毛分布的疏密程度。

  1　无或极疏

  3　疏

  5　中

  7　密

  9　极密

31. 幼叶下表面叶脉间直立绒毛

幼叶下表面叶脉间直立绒毛分布的疏密程度。

  1　无或极疏

  3　疏

  5　中

  7　密

  9　极密

32. 幼叶下表面主脉上匍匐绒毛

幼叶下表面主脉上匍匐绒毛分布的疏密程度。

  1　无或极疏

  3　疏

  5　中

  7　密

  9　极密

33. 幼叶下表面主脉上直立绒毛

幼叶下表面主脉上直立绒毛分布的疏密程度。

  1　无或极疏

  3　疏

  5　中

7 密

9 极密

34. 成龄叶叶型

葡萄的叶型，多数为单叶，极少数为复叶。

1 单叶

2 复叶

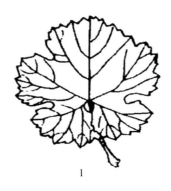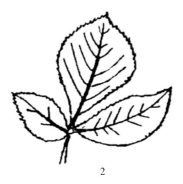

1   2

成龄叶叶型

35. 成龄叶形状

成龄叶的形状。

1 心脏形

3 楔形

5 五角形

7 近圆形

9 肾形

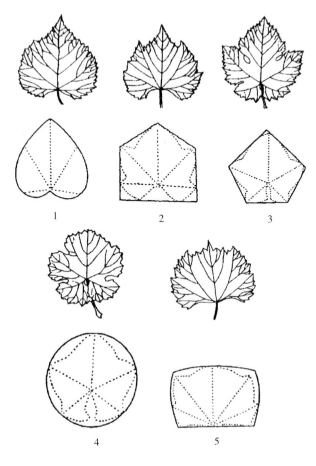

成龄叶形状

36.成龄叶表面颜色

成龄叶上表面颜色。

    1 黄绿

    3 灰绿

    5 绿

    7 深绿

    9 墨绿

37. 成龄叶表面主脉花青素着色

成龄叶上表面主脉花青素着色程度。

    1　无或极浅

    3　浅

    5　中

    7　深

    9　极深

38. 成龄叶下表面主脉花青素着色

成龄叶下表面主脉花青素着色程度。

    1　无或极浅

    3　浅

    5　中

    7　深

    9　极深

39. 成龄叶叶柄长

成龄叶叶柄长度。单位为 cm。

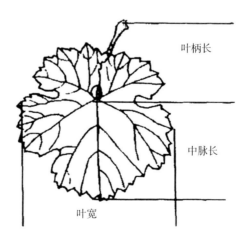

成龄叶各部位长度的测量

40.成龄叶中脉长

成龄叶中脉长度。单位为 cm。

41.成龄叶宽度

成龄叶的最大宽度。单位为 cm。

42.成龄叶大小

成龄叶中脉长与叶宽之积。单位为 cm^2。

43.成龄叶横截面的形状

从成龄叶中部横切，目测横切面形状。

    1 平

    2 V 形

    3 内卷

    4 外卷

    5 波状

横截面观察部位

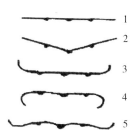

成龄叶横截面形状

44.成龄叶裂片数

成龄叶有明显的裂刻所形成的裂片数。

    1 全缘

    2 三裂

3 五裂

4 七裂

5 多于七裂

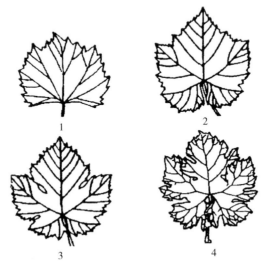

成龄叶裂片数

45. 成龄叶上裂刻深度

成龄叶上裂刻的深浅程度。

1 极浅

3 浅

5 中

7 深

9 极深

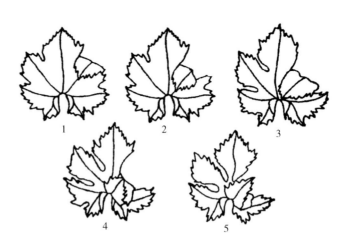

成龄叶上裂刻深度

46.成龄叶上裂刻开叠类型

成龄叶上裂刻开张、闭合类型。

1 开张

2 闭合

3 轻度重叠

4 高度重叠

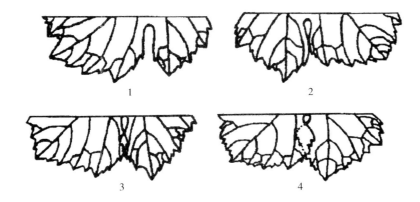

成龄叶上裂刻开叠类型

47.成龄叶上裂刻基部形状

成龄叶上裂刻基部形状。

1 U 形

2 V 形

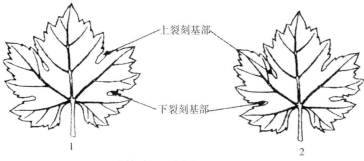

成龄叶上裂刻基部形状

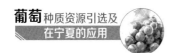

48. 成龄叶叶柄洼开叠类型

叶柄洼为植物学上的叶基。这里指成龄叶叶柄洼开叠类型。

1 极开张

2 开张

3 半开张

4 轻度开张

5 闭合

6 轻度重叠

7 中度重叠

8 高度重叠

9 极度重叠

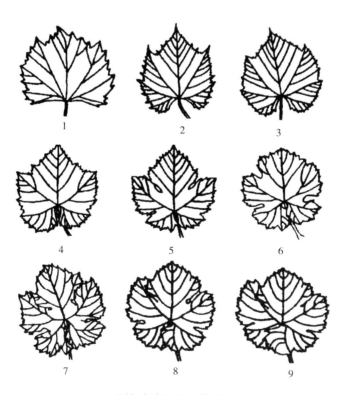

成龄叶叶柄洼开叠类型

49.成龄叶叶柄洼基部形状

成龄叶叶柄洼基部形状。

1 U 形

2 V 形

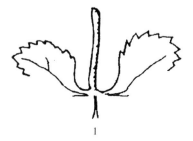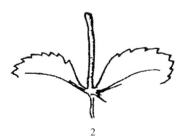

1   2

成龄叶叶柄洼基部形状

50.成龄叶叶脉限制叶柄洼

叶柄洼处，是否下侧叶脉限制了叶缘。分为不限制和限制两种
类型（见图24）。

1 不限制

2 限制

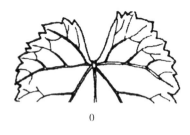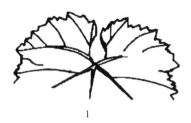

0   1

成龄叶叶脉限制叶柄洼

51. 成龄叶叶柄洼锯齿

成龄叶叶柄洼内凸出的锯齿

1 不限制

2 限制

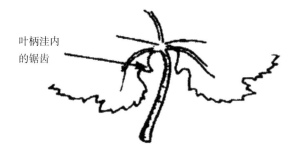

叶柄洼内
的锯齿

成龄叶叶柄洼锯齿

52. 成龄叶锯齿形状

成龄叶主裂片的锯齿两侧形状。

1 双侧凹

2 双侧值

3 双侧凸

4 一侧凹一侧凸

5 两侧值与两侧凸皆有

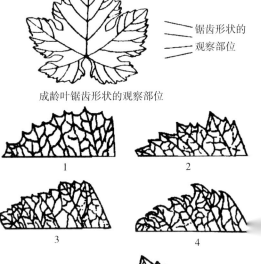

锯齿形状的
观察部位

成龄叶锯齿形状的观察部位

成龄叶叶柄洼锯齿

53.成龄叶锯齿长度

成龄叶主裂片的锯齿从基部至顶端的长度。单位为 cm。

54.成龄叶锯齿宽度

成龄叶主裂片的锯齿基部的宽度。单位为 cm。

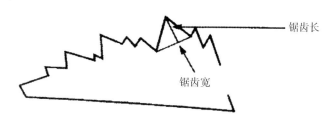

成龄叶锯齿长和宽

55.成龄叶锯齿长宽比

成龄叶锯齿长度与宽度之比值。

56.成龄叶上表面泡状凸起

成龄叶上表面泡状凸起程度。

  1 无或极浅

  3 浅

  5 中

  7 强

  9 极强

57.成龄叶下表面叶脉间匍匐绒毛

成龄叶下表面叶脉间匍匐绒毛分布的疏密程度。

  1 无或极疏

  3 疏

  5 中

  7 密

  9 极密

58. 成龄叶下表面叶脉间直立绒毛

成龄叶下表面叶脉间直立绒毛分布的疏密程度。

1　无或极疏

3　疏

5　中

7　密

59. 成龄叶下表面主脉上匍匐绒毛

成龄叶下表面主脉上匍匐绒毛分布的疏密程度。

1　无或极疏

3　疏

5　中

7　密

9　极密

60. 成龄叶下表面主脉上直立绒毛

成龄叶下表面主脉上直立绒毛分布的疏密程度。

1　无或极疏

3　疏

5　中

7　密

9　极密

61. 叶柄匍匐绒毛密度

成龄叶叶柄上匍匐绒毛分布的疏密程度。

1　无或极疏

3　疏

5　中

7　密

9　极密

62.叶柄直立绒毛密度

成龄叶叶柄上直立绒毛分布的疏密程度。

    1 无或极疏

    3 疏

    5 中

    7 密

    9 极密

63.秋叶颜色

成龄叶在秋季的颜色

    1 黄

    2 浅红

    3 红

    4 暗红

    5 红紫

64.花器类型

葡萄花的性别类型（见图28）。

    1 雄花

    2 两性花

    3 雌能花

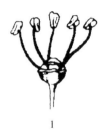   

1   2-1   2-2   3

花器类型

65. 染色体倍数性

葡萄的体细胞染色体数相对于性细胞染色体数的倍数。

    1 二倍体

    2 三倍体

    3 四倍体

    4 非整倍体

66. 植株生长势

植株生长的旺盛程度。

    1 极弱

    3 弱

    5 中

    7 强

    9 极强

67. 萌芽率

一年生枝（冬剪后的结果母枝）上芽眼萌发的百分数。以％表示。

68. 结果枝百分率

结果枝占新梢的百分数。以％表示。

69. 每结果枝果穗数

每个结果枝上的平均果穗个数。单位为个。

70. 第一花序着生位置

第一花序在结果枝上着生的节位数。单位为节。

71. 第一花序长度

一年生结果枝上第一个花序的长度。单位为 cm。

72. 坐果率

果穗上着生的果粒数占原花序上花朵总数的百分比。以％表示。

73.副芽萌发力

冬季剪留的一年生枝上副芽萌发能力。

　　1　弱

　　3　中

　　5　强

74.副芽结实力

副芽萌发新梢的结实能力，用副芽新梢的平均果穗数多少来衡量。

　　1　弱

　　3　中

　　5　强

75.隐芽萌发力

多年生枝条上隐芽萌发的能力，以萌发多少来衡量。

　　1　弱

　　3　中

　　5　强

76.夏芽副梢生长势

新梢上夏芽萌发的副梢的生长势。其生长势强弱是由副梢的数量、长短和粗细所构成的。

　　1　弱

　　3　中

　　5　强

77.夏芽副梢的结实力

夏芽副梢结实能力

　　1　弱

　　3　中

　　5　强

78.产量

单位面积所产鲜果的重量。单位为 kg/hm^2。

79.萌芽始期

约5%的芽眼鳞片裂开、露出绒毛、呈绒球状时为萌芽始期。

以"年月日"表示，格式为"YYYYmmDD"。

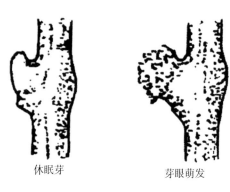

休眠芽　　　　　　　　芽眼萌发

萌芽始期（绒球期）

80.开花始期

约5%的花开放时（以花冠脱落为标志）为开花始期。见图30进行判断。以"年月日"表示，格式为"YYYYmmDD"。

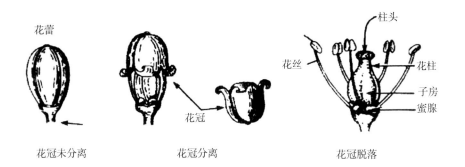

花蕾

花丝　　柱头　花柱　子房　蜜腺

花冠未分离　　　　　花冠分离　　　　　　花冠脱落

花冠

葡萄开花过程

81. **盛花期**

50% 的花开放为盛花期。以"年月日"表示，格式为
"YYYY mmDD"。

82. **浆果开始生长期**

落花终期即为浆果开始生长期。约有95%的花朵开过，即标志着
浆果生长期的开始。以"年月日"表示，格式为"YYYY mmDD"。

83. **浆果始熟期**

有色品种浆果约5% 开始着色，无色品种浆果约5% 开始变软，为
浆果始熟期。以"年月日"表示，格式为"YYYY mmDD"。

84. **浆果生理完熟期**

浆果完全成熟。以种子变褐或固形物含量达到最高时为标准。以
"年月日"表示，格式为"YYYY mmDD"。

85. **新梢开始成熟期**

新梢的基部节间开始变褐，为新梢开始成熟期。以"年月日"表示，
格式为"YYYY mmDD"。

86. **果穗基本形状**

成熟期果穗主体部分的基本形状。

   1 圆柱形

   2 圆锥形

   3 分枝形

1　　　　　　　　　2　　　　　　　　　3

果穗基本形状

87.果穗歧肩

果穗歧肩的有无或多少。

0 无

2 单歧肩

3 双歧肩

4 多歧肩

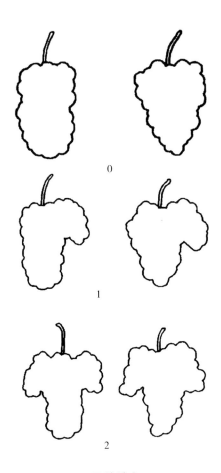

果穗歧肩

88.果穗副穗

果穗上副穗的有无。

0 无

1 有

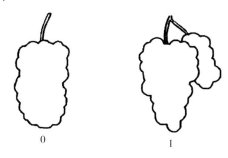

果穗副穗

89.穗梗长度

从穗梗的着生点至果穗第一分枝的长度。单位为 cm。

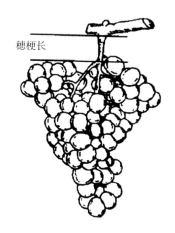

穗梗长度

90.果穗长度

不包括穗梗的成熟果穗长度。单位为 cm。

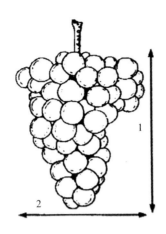

果穗长度和宽度

果穗最大长度 2.果穗最大宽度（不包括副穗）

91.果穗宽度

成熟果穗最宽处的长度。单位为 cm。

92.果穗大小

果穗大小用果穗长与果穗宽之积来表示。单位为 cm^2。

93.穗重

成熟期平均果穗重量。单位为 g。

94.果穗紧密度

成熟果穗上果粒着生的紧密程度。

　　1　极疏

　　3　疏

　　5　中

　　7　紧

　　9　极紧

95.单穗粒数

以穗为单位的果粒总数。单位为粒。

96. 全穗果粒成熟一致性

一个果穗上所有的果粒成熟时期是否一致。

    1　不一致

    2　一致

97. 果梗与果粒分离难易

果粒脱离果梗的难易程度。

    1　难

    2　易

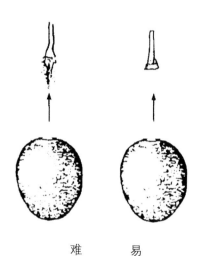

难　　　　易

图36　果梗与果粒分离难易

98. 果粒形状

成熟果粒的自然形状。

    1　长圆形

    2　长椭圆形

    3　椭圆形

    4　圆形

    5　扁圆形

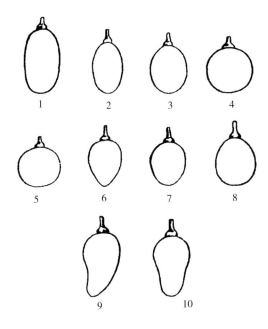

果粒形状

6 鸡心形

7 钝卵圆形

8 倒卵形

9 弯形

10 束腰形（或瓶形）

99. 果粉厚度

成熟果粒的果粉厚薄程度。

1 薄

3 中

5 厚

100. 果皮颜色

成熟果粒不带果粉的果皮颜色。

　　　1　黄绿～绿黄

　　　2　粉红

　　　3　红

　　　4　紫红～红紫

　　　5　蓝黑

101. 果粒整齐度

　　成熟果粒的大小和形状的一致性。

　　　1　整齐

　　　2　不整齐

　　　3　有小青粒

102. 果粒重量

　　成熟果粒的平均重量。单位为 g。

103. 果粒纵径

　　成熟果粒的平均长度。单位为 cm。

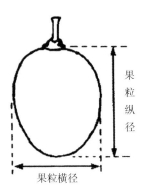

果粒纵径和横径

104. 果粒横径

　　成熟果粒的平均宽度。单位为 cm。

105. 果粒大小

果粒大小用果粒长与果粒宽的乘积表示。单位为 cm。

106. 果梗长度

果梗两个着生点之间的长度。单位为 cm。

果梗长度

107. 果粒横切面形状

果粒横切面的基本形状。

1　不圆

2　圆

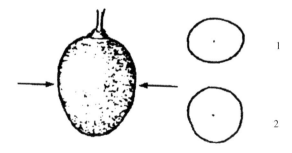

果粒横切面形状

108.种子发育状态

种子的有无和发育状态。

　　1　无

　　2　败育

　　3　残核

　　4　种子充分发育

109. 种子粒数

每果粒中充分发育的种子数量。单位为粒。

110. 种子外表横沟

种子外表横沟的有无。

　　0　无

　　1　有

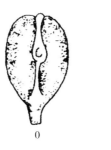

种子外表横沟

111.种脐

种子背面中央的合点（维管束通过胚珠的地方）（见图42）。

　　0　不明显

　　1　明显

187

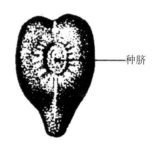

种 脐

112. 种子百粒重

成熟种子的百粒重。单位为 g。

113. 种子长度

从种子底部至喙顶端的长度。单位 mm。

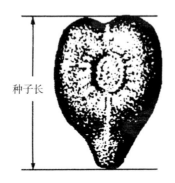

种子长度

114. 种子宽度

种子的最大宽度。单位 mm。

115. 种子长比宽

种子长度与宽度的比值。

参考文献

1. 孔庆山 . 中国葡萄志 [M]. 北京：中国农业科技出版社，2004.

2. 李绍华，梁振昌，范培格 . 峥嵘甲子 [M]. 北京：中国农业大学出版社，2014.

3. 贺普超 . 中国葡萄属野生资源 [M]. 北京：中国农业出版社，2012.

4. 刘崇怀，马小河，武岗 . 中国葡萄品种 [M]. 北京：中国农业出版社，2014.

5. 张振文 . 葡萄品种学 [M]. 西安：西安地图出版社，1999.

6. 范培格，黎盛臣，王利军，等 . 葡萄酿酒新品种北红和北玫的选育 [J]. 中国果树，2010，（4）：5-8.

7. 房经贵，刘崇怀 . 葡萄遗传育种与基因组学 [M]. 南京：江苏科技出版社，2014.

8. 刘崇怀，沈育杰，陈俊，等葡萄种质资源描述规范和数据标准 [M]. 北京：中国农业出版社，2006.

9. 刘崇怀，孔庆山 . 关于保护我国野生葡萄种质资源的建议 [C]. 第十三届全国葡萄学术研讨会，2007.

    https://kns.cnki.net/kcms/detail/detail.aspx?dbcode=CPFD&dbname=CPFD9908&filename=ZGNX200708001033&v=qP%25mmd2BeK%25mmd2BS5LZ7TNaH8LEb7bDe4nPNDKedimGp6HJiLQF4B3pOrZONmuXijD2fCUWzE9COmIrY7vNA%3d

10. 姜建福，孙海生，刘崇怀，等.年以来中国葡萄育种研究进展[J].中外葡萄与葡萄酒，2000，（3）：60-65.

11. 范丽华，赖呈纯，等.国内外葡萄品种资源圃概览[J].中国南方果树，2012，（1）：102-104

12. 邓秀新，钟彩虹，王力荣，等.果树育40年回顾与展望[J]。果树学报，2019，36（4）：514-520

13. 崔腾飞，王晨，吴伟民，等.2018.近10年来中国葡萄新品种概况及其育种发展趋势分析[J].江西农业学报（3）：41-48.

14. 樊秀彩，张颖，姜建福，等.近20年来国外鲜食葡萄品种选育进展[J].中外葡萄与葡萄酒，2012，（2）：53-59.

15. 孙海生，刘崇怀，郭景南，等.葡萄砧木新品种抗砧3号的选育[J].中国果树，2011，（1）：6-8.

16 樊秀彩，孙海生，李民，等.葡萄砧木新品种抗砧3号的选育[J].园艺学报，2011，（4）：735-736.

17. 李世诚，金佩芳，骆军，等.葡萄砧木新品种——华佳8号的选育[J].中外葡萄与葡萄酒，1999，（4）：1-5.

18. 张培安，冷翔鹏，樊秀彩，等.葡萄砧木种质资源现状及其研究进展[J].中外葡萄与葡萄酒，2018，（3）：58-63.

19. 任国慧，吴伟民，房经贵，等.我国葡萄国家级种质资源圃的建设现状[J].江西农业学报，2012，（7）：10-13.

20. 林兴桂.我国酿酒葡萄抗寒育种的回顾与展望[J].果树学报，2007，（1）：89-93

21. 姜建福，孙海生，樊秀彩，等.我国葡萄品种权保护现状与分析[J].农业科技管理，2015，（5）：61-65.

22. 陶然，王晨，房经贵，等.我国葡萄育种研究概况[J].江西农业学报，2012，（6）：24-30.

23. 姜建福, 樊秀彩, 张颖, 等.中国葡萄品种选育的成就与可持续发展建议 [J].中外葡萄与葡萄酒, 2018, (1): 61-67.

24. 刘崇怀, 马小河, 陈俊, 等. 葡萄种质资源研究与利用概况 [C].中国农业科学院2005年多年生和无性繁殖作物种植资源共享试点研讨会, 2005.

   https://max.book118.com/html/2018/0512/166072171.shtm

25. 刘崇怀, 姜建福, 樊秀彩, 等.中国野生葡萄资源在生产和育种中利用的概况 [J].植物遗传资源学报, 2014, (4): 720-727.

26. 刘崇怀, 潘兴, 郭景南.葡萄种质资源信息共享系统介绍 [J].中国果树, 2005, (6): 57-58.

27. 李记明.葡萄种质资源研究现状 [J].葡萄栽培与酿酒, 1998, (4): 59-60.

28. 刘崇怀, 孔庆山, 陈继锋.国家果树种质资郑州葡萄圃资源保存及研究概况 [J].葡萄栽培与酿酒, 1997, (3): 48-50.

29. 李登科, 马小河.国家果树种质太谷枣葡萄资源圃 [J].植物遗传资源学报, 2010, (2): 249.

30. 赵世华, 苏丽.宁夏葡萄酒产业发展的机遇与挑战及对策 [J].中外葡萄与葡萄酒, 2016, (3): 60-61.

31. 李玉鼎, 刘廷俊, 赵世华.宁夏酿酒葡萄产业发展与回顾 [J].宁夏农林科技, 2006, (3): 38-42.

32 李玉鼎, 陈雄, 虎治亮.宁夏葡萄酒产业回顾与思考 [J].农业科学研究, 2009, (1): 83-85.

33. 仝倩, 徐美隆, 施明.格鲁吉亚引进酿酒葡萄品种霜霉病抗性鉴定 [J].北方园艺, 2018, (9): 62-67.